PERFORM-3D 基本操作与实例

曾 明 主编

U0318579

中 国 铁 道 出 版 社

2013年·北 京

内 容 简 介

　　PERFORM-3D 是三维结构非线性分析与性能评估软件，是一个用于抗震设计的非线性计算软件。

　　本书分为 4 篇，共 13 章，是一本 PERFORM-3D 的入门教程，主要内容包括：基础篇介绍软件的基础知识、用户界面、文件和文件夹；建模篇介绍软件的建模功能，有定义节点和框架、定义组件属性、定义单元、辅助定义以及荷载工况和施加；分析篇介绍软件的常用分析功能，结果显示和输出；实例篇介绍软件分析钢框架和剪力墙两个实例。

　　本书可作为高等院校土木专业师生的学习用书，也可作为从事建筑结构设计人员的参考用书。

图书在版编目（CIP）数据

PERFORM-3D 基本操作与实例/曾明主编 . —北京：
中国铁道出版社，2013.3
　ISBN 978-7-113-15497-4

　Ⅰ . ①P… Ⅱ . ①曾… Ⅲ . ①三维－非线性结构分析－
软件工具 Ⅳ . ①O342-39

中国版本图书馆 CIP 数据核字（2012）第 239261 号

书　　名：**PERFORM-3D 基本操作与实例**
作　　者：曾　明

策划编辑：陈小刚
责任编辑：冯海燕　　　　　**电话**：010-51873193
封面设计：郑春鹏
责任校对：胡明锋
责任印制：郭向伟

出版发行：中国铁道出版社（100054，北京市西城区右安门西街 8 号）
网　　址：http://www.tdpress.com
印　　刷：三河市华丰印刷厂
版　　次：2013 年 3 月第 1 版　　2013 年 3 月第 1 次印刷
开　　本：787mm×1 092mm　1/16　印张：14.25　字数：337 千
书　　号：ISBN 978-7-113-15497-4
定　　价：40.00 元

前　　言

PERFORM-3D（Nonlinear Analysis and Performance Assessment for 3D Structure）三维结构非线性分析与性能评估软件，其前身为 Drain-2DX 和 Drain-3DX，由美国加州大学伯克利分校的 Powell 教授开发，是一款用于抗震设计的非线性计算软件。

笔者系一名北京工业大学建筑工程学院研究生，研究课题为钢框架-核心筒结构体系减震控制。研二下学期开始接触课题，本想使用 ABAQUS 作结构分析，但 ABAQUS 分析大型结构的前后处理比较困难，因此放弃而尝试改用 PERFORM-3D 进行分析。经查阅发现，目前国内尚无 PERFORM-3D 的中文教程，于是决心编写一本中文教程，希望能够帮助一些读者入门学习 PERFORM-3D。本书主要依据当前最新版本 Version 5 的软件编写。

本书分为 4 篇，共 13 章，是一本 PERFORM-3D 的入门教程，主要内容包括：概述篇介绍软件的基础知识、用户界面、文件和文件夹；建模篇介绍软件的建模功能，有定义节点和框架、定义组件属性、定义单元、辅助定义以及荷载工况和施加；分析篇介绍软件的常用分析功能，结果显示和输出；实例篇介绍软件分析钢框架和剪力墙两个实例。

本书在编写过程中得到了北京建筑工程学院结构专业刘博文和北京工业大学建筑工程学院赵堃宇的鼓励和帮助，特此致谢！在编写过程中，还得到了导师赵均教授和北京奇太振控科技发展有限公司董事长陈永祁先生的悉心指导，在此深表感谢！另外在编辑校对过程中，中国铁道出版社的策划编辑陈小刚为本书的编辑出版也花费了不少心思，在此表示感谢！

由于笔者水平有限，书中错误或疏漏在所难免，敬请广大读者批评指正！

编　者
2013 年 2 月于北京工业大学

目　　录

第 3 篇 分析篇

第4篇　实例篇

第1篇　基　础　篇

第1章 PERFORM-3D 基础知识

PERFORM-3D 具有强大的非线性分析能力,但并不表示程序可以进行所有的非线性分析。若我们并不清楚结构在强震作用下进入非弹性阶段后将会怎样,则 PERFORM-3D 将会帮助我们发现结构在强震作用下的薄弱环节,并指导我们改进设计。但 PERFORM-3D 无法精确地按照工程师期望的那样进行分析,因为它是基于位移设计理论和性能设计理论的工具而已,它不能替代工程师进行工程设计,而只能辅助设计决策。

1.1 建模功能

1. 单元

PERFORM-3D 有以下几种单元:

①梁、柱和支撑的框架单元;②剪力墙单元;③楼板单元;④黏滞类型的(只有轴向刚度)杆单元;⑤屈曲约束支撑;⑥缝单元;⑦橡胶型和摩擦摆隔震单元;⑧力和位移比非线性关系的液体阻尼器;⑨模拟梁柱结点剪切变形的连接板区域;⑩只有剪切强度和刚度的填充板。

另外,还有黏滞类型的变形监测单元。这些单元没有刚度,用来计算变形,可得到变形的需求能力比。

2. 组件

在 PERFORM-3D 中,大部分单元由一些组件构成。例如,梁单元可能由图 1.1 中表格的一些组件构成。

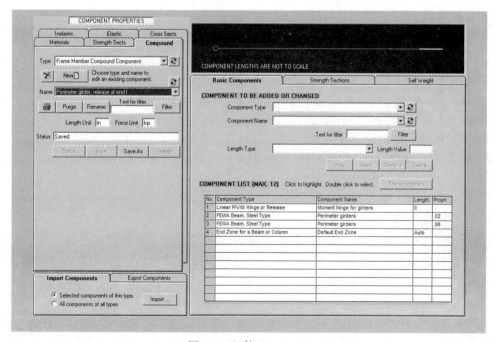

图 1.1 组件 Component

3. 滞回曲线

非弹性组件的滞回曲线可以考虑刚度退化,画出单元期望的滞回曲线形状,如图 1.2 所示。

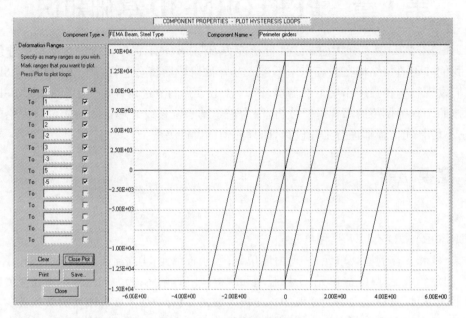

图 1.2　组件的滞回曲线

4. 变形能力(图 1.3)

非弹性组件可以定义变形能力来计算变形需求能力比。最多可定义变形能力的 5 个性能水平。

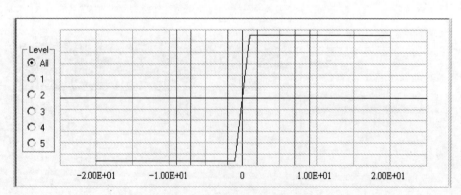

图 1.3　组件的变形能力

5. 需求能力比

PERFORM-3D 包括大量的组件,有非弹性的,也有弹性的。非弹性组件计算变形需求能力比,用来检查结构是否有足够的延性。弹性组件计算强度需求能力比,用来检查结构是否有足够的强度。

6. 极限状态

图 1.4 显示了剪力墙中混凝土受拉应变的需求能力比。每个极限状态有一个使用比,即组件最大的需求能力比。为了使结构满足性能需求,极限状态的使用比不能超过 1.0。

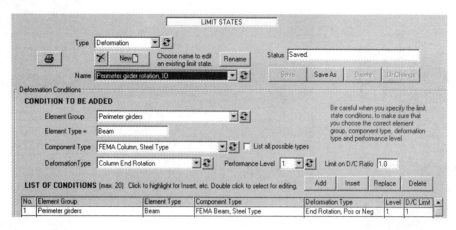

图 1.4　极限状态

7. 框架结构

简单框架结构由梁单元和柱单元构成。如图 1.5 所示。梁单元和柱单元又由不同的组件构成,这些组件可以是弹性,也可以是非弹性的。对于这种结构,可以考虑 $P\text{-}\Delta$ 效应,也可以忽略。

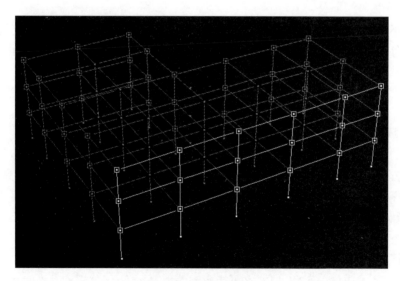

图 1.5　框架结构

8. 剪力墙结构

剪力墙使用墙板单元来模拟。如图 1.6 所示,复杂剪力墙核心筒由板单元构成。墙单元具有受弯或受剪的非弹性行为。连梁一般采用受弯或受剪作用都表现非弹性行为的梁单元来模拟。

9. 复杂结构

PERFORM-3D 也可以分析大型的复杂结构,如图 1.7 所示。

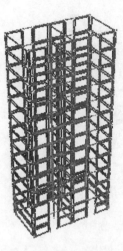

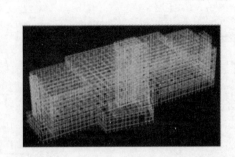

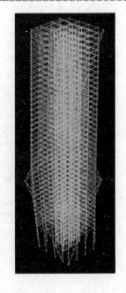

图 1.6　剪力墙结构　　　　　　　　　　图 1.7　复杂结构

1.2　分析功能

1. 分析类型

PERFORM-3D 可以运行的分析类型有:①模态分析,得出周期和有效质量参与系数;②重力荷载分析;③静态 Pushover 分析;④地震运动反应时程分析;⑤动力荷载反应时程;⑥(有限制的)反应谱分析。

即使当 $P-\Delta$ 效应引起结构不稳定,非弹性组件有负刚度时,非线性分析方法也是十分可靠的。

2. 分析顺序

最通用的分析顺序是:①施加重力荷载;②运行一个或多个静态 Pushover 分析,保持重力荷载不变;③运行一个或多个地震反应时程分析,保持重力荷载不变。这是标准顺序。也可以采用通用顺序,例如,循环 Pushover:①施加重力荷载;②施加指定的正向侧移的 Pushover 荷载;③施加指定的负向侧移的 Pushover 荷载,逐渐增加每个方向的侧移。

3. 分析工况

一个分析工况由标准或通用分析顺序的一系列分析构成。对于每个分析工况,以下结构属性可能会改变:①质量分布和大小,这可能影响静力 Pushover 分析和动力时程分析;②动力反应时程分析的阻尼量和类型;③(某个极限的)结构组件的强度和刚度。因此,不用建立新的分析模型就能改变结构的属性。

4. 处理分析结果和理解结构行为的工具

下面一些工具可用来评价结构的行为,并检查分析是否合理。

①侧移形状:对于 Pushover 分析和动力反应,可以动态显示,如图 1.8 所示。

②时程曲线:进行地震时程分析时,有一些反应,包括节点加速度、单元和组件的力与变形关系曲线,剖切整个或部分结构的结构截面力,如图 1.9 所示。梁、柱和剪力墙的弯矩和剪力图,如图 1.10 所示。

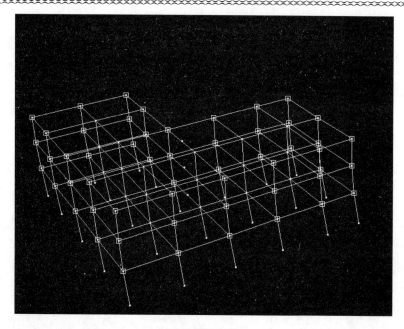

图 1.8　侧移形状

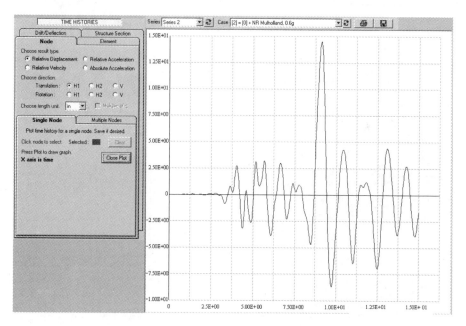

图 1.9　节点时程曲线

③能量平衡图：显示应变能、动能、非弹性能和阻尼耗能，包括内部和外部功的对比，提供分析数值精确度的指示。

5. 性能评价工具

只有显示的分析结果能够帮助工程师进行设计决策才是有用的。PERFORM-3D 包含了结构性能评价的有用工具，工程师可以借助这些工具进行设计决策。

①Pushover 分析目标位移计算使用了规范 ASCE 41 和 ATC 440 中的一些方法，如荷载工况的使用比。图 1.11 为 Pushover 目标位移曲线。

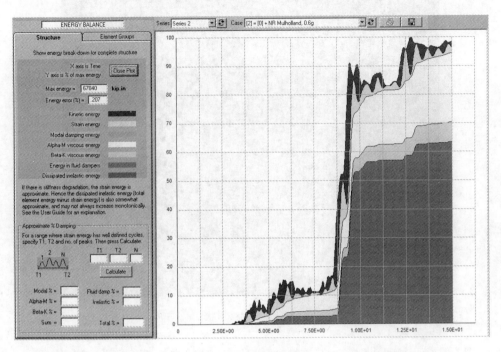

图 1.10　结构耗能图

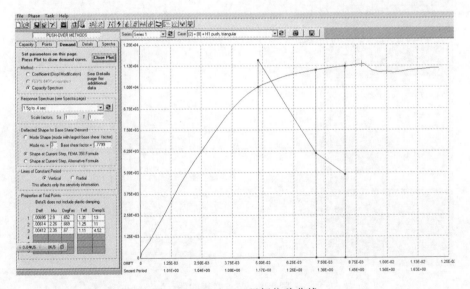

图 1.11　Pushover 目标位移曲线

②当 Pushover 分析或时程分析中的侧移增加时，极限状态的使用比也逐渐增加。使用比显示了用户选择的极限状态组的使用比的变化情况，如图 1.12 所示。

③荷载组合使用比包络图如图 1.13 所示。一般运行多个（一般 7 个或更多）地震反应时程分析，根据使用比的平均值来评估性能。

④需求能力比染色侧移形状如图 1.14 所示，它可以辨别组件严重变形的部位。

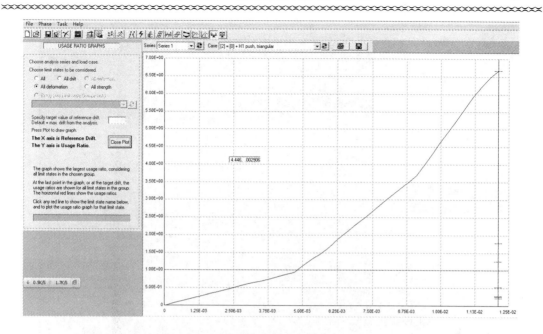

图 1.12　使用比曲线

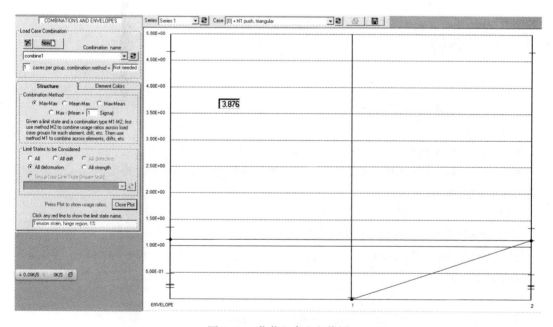

图 1.13　荷载组合和包络图

⑤分析结果的处理。

PERFORM-3D 分析结果被保存在一些文件中,每个文件包括一些特定类型的结果(例如,节点位移)。

若 PERFORM-3D 中的性能评价工具无法满足需求,则可以找到这些结果文件,按所选择的方法处理这些结果数据。

当然,可以使用任意的编程语言编写程序来处理结果数据。

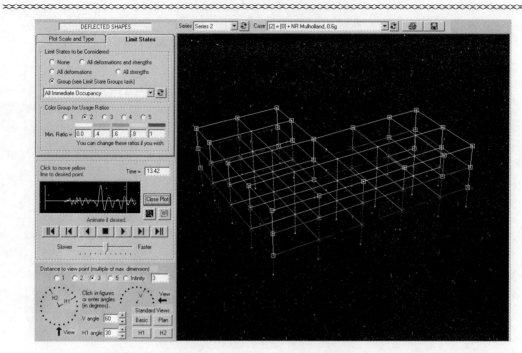

图 1.14　需求能力比染色侧移形状

1.3　运行环境

1. 操作系统

Microsoft Windows XP、Windows Vista 或 Windows 7,32 位或 64 位版本均可。

2. 内存

最小:XP 操作系统至少 2 GB;Vista/Windows 7 操作系统至少 4 GB。

建议:32 位操作系统采用 4 GB 内存,64 位操作系统采用 8 GB 或者更大内存。求解速度随着内存增加而增加。

3. 硬盘

安装 PERFORM-3D 需要 6 GB 硬盘空间。

建议:500 GB 或者更大硬盘 (7200 rpm SATA),因为程序需要足够的空间来运行和保存模型文件和分析结果。

4. 显卡

最小:支持 1024×768 像素 16 位 (GDI+) 图形模式。

建议:NVIDIA GPU 独立显卡,显卡内存 512 MB 或更大,DirectX 图形模式,显卡必须兼容 DirectX 9.0c。

第 2 章 PERFORM-3D 用户界面

PERFORM-3D 是传统的 Windows 程序,通过点击界面图标或从下拉表单中选择项目进行相关操作。移动鼠标到界面的模块,模块标签的功能描述立即显示。窗口的文字介绍了每个标签的用法。当前版本的 PERFORM-3D 不提供带目录的帮助文档。这章将简单介绍 PERFORM-3D 的用户界面以及一些基本知识。

2.1 用户界面

图 2.1 显示了用户界面的构成。

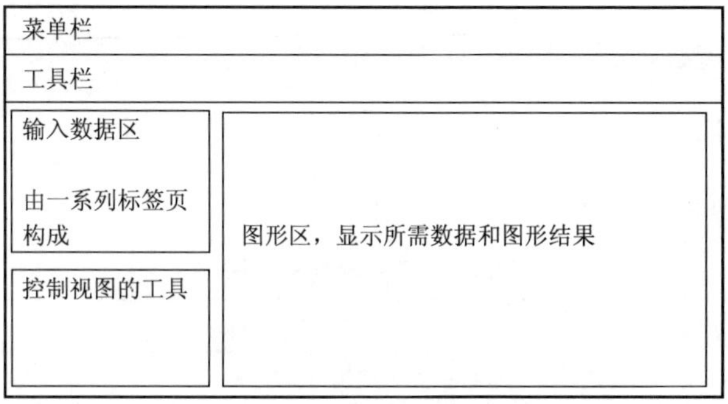

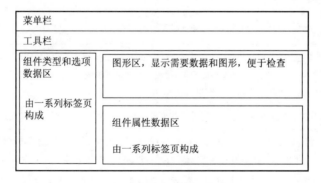

图 2.1 用户界面主要构成

图 2.2 定义线性和非线性组件的界面布局,界面上有图形介绍所需的属性。

图 2.2 组件属性界面主要构成

2.2 菜单命令

使用应用软件界面所示的菜单命令可以建立所需的分析模型。每种结构文件必须定义唯一的名称。

启动 PERFORM-3D 软件之后,可以使用以下的菜单命令来新建一个结构文件或打开已有结构文件。

菜单命令有:

☐ 新建一个结构文件;

☐ 打开已有结构文件;

☐ 保存对当前结构作出的改变;

☐ 另存当前结构为新结构;

✗ 删除当前结构。

2.3 模块和任务栏

PERFORM-3D 有两个模块,即建模阶段和分析阶段。这两个模块在任务栏上的键如下:

📇 **Modeling phase**(建立结构模型);

📇 **Analysis phase**(计算和处理分析结果)。

每种阶段下有一些模块,将在后面的章节作介绍。

2.3.1 建模阶段的模块

建模阶段的模块如表 2.1 所示。

表 2.1　建模阶段的模块

模块图标	注　　　释
⊤	伞模块。定义结构整体信息,可以显示结构整体信息
⠒	节点模块。定义节点数据,包括坐标、支座状态、约束(如刚性楼板约束)和结构质量。这个模块比较简单
⋀	组件属性模块。定义非线性和线性组件
⊓	单元模块。定义单元数据,包括单元类型、位置和属性
🏠	框架模块。通过框架模块,定义需显示结构的某一部分,可以方便进行其他操作。一个"**frame**",就是完整结构的一部分,可以是平面框架、楼面或结构其他部分。可以快速定义、修改和删除框架,然后在整个结构视图和单个框架视图进行切换
↓	荷载模式。定义节点、单元或自重荷载模式。在分析模块,可以组合荷载模式形成荷载工况
🖼	导入导出结构数据模块。导入 text 文件中的节点、质量、单元或荷载。若在另一台电脑里建立了分析模型,则可以采用这个模块将带有逗号隔开的 text 文件数据导入到 PERFORM-3D 中
↱	侧移和挠度模块。定义侧移和挠度,水平侧移是结构变形的有效衡量,一般必须定义。对于大跨结构,可能需要使用竖向挠度来衡量变形
⊟	剖切截面模块。结构有一些抵抗侧向荷载系统,若想知道总的荷载是如何分布的,则可以通过定义贯通结构部分的截面和监测这些截面的力来实现
👍	极限状态模块。定义极限状态
▨	抑制单元模块。定义抑制重力荷载的单元

2.3.2　分析模块任务栏

分析模块任务栏可以分成结构分析任务栏、性能评价任务栏和需求能力任务栏。如表2.2所示。结构分析任务栏是定义荷载工况和运行分析的。性能评价任务栏允许检查和判断分析模型性能。需求能力任务栏允许计算需求能力比,因此对结构的性能作出判断。

表 2.2　分析模块任务栏

任务栏名称和图标		注　释
结构分析模块	抽	荷载工况模块。定义重力、Pushover、地震和其他荷载工况
	跑	运行分析模块。运行静力和动力分析
性能评价模块	模态	模态分析结果模块。查看计算的振型周期和振型形状,查看反应谱分析结果
	能量	能量平衡图模块。画出图形,显示结构消耗的不同类型能量为多少
	极限	极限状态组模块。定义极限状态组,在建模阶段可以定义大量的极限状态。在这个模块下,可以管理相关组的极限状态来简化决策过程
	侧移	侧移形状模块。画出侧移形状,可以是静态或者是动态的
	时程	时程曲线模块。对于动力分析,画出不同反应的时程曲线图,包括节点位移、速度和加速度,不同类型的单元反应,侧移和截面力
	滞回	滞回曲线模块。对于动力分析,可以画出非弹性组件的滞回曲线(如塑性铰弯矩与铰转角的滞回曲线)
	弯矩	弯矩图和剪力图模块。对于梁、柱和墙,可以画出弯矩和剪力图形。对于梁和柱,可以画出侧移形状
需求能力模块	Push	Pushover 分析模块。画制结构的能力和需求曲线,由此来评估结构性能
	目标	目标位移模块。画出能力曲线和使用 FEMA 356 系数(目标位移)法的 Pushover 分析计算目标位移。这个模块已经被前面的 Pushover 分析模块所取代,但由于历史原因被保留了
	使用比	使用比模块。对于任何分析和极限状态,画出使用比与时间、侧移或荷载系数的图形
	组合	组合和包络模块。根据最大或平均值来计算使用比,使用不同的组合方法组合大量的分析结果。如果需要,根据使用比给单元着色

2.4　视图方向和透视

控制视图方向的工具在窗口界面的左下角,如图2.3所示。

可以从平面的任何方向看结构,在任何垂直角度直接从上向下。为了改变视图方向,可以点击图形来设定坐标轴方向,或在文本窗口输入角度。为了改变透视的视图距离,可以选择一个标准距离或在文本窗口输入一个距离。点击 **OK** 来改变视图,或点击 **Cancel** 停留在当前视图。

基本视图是默认的。若改变了视图方向,则点击"**Basic**"来返回这个视图,点击 **Plan**、"**H1**"

或"H2"键来显示所需视图。可以通过选择视图距离来增加视角到平面或者立面视图的距离。

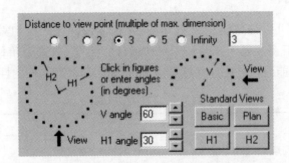

图 2.3   方向和透视视图工具

2.5 报　　告

2.5.1　打印报告

　　在建模和分析模块，可以打印报告。每种模块都有打印标识。对于大多数建模阶段的模块，打印标签靠近模块的右端；对于少数模块，在表格的主体部分处。为了得到当前表格的打印副本，可点击 **printer**。若这个键不能使用，则不能打印数据，表示当前任务没有完成或当前数据没有打印选项。

　　可以通过 **File** 菜单中的 **Printer set-up** 表格来改变纸张尺寸和方向。

2.5.2　保存结果到文件

　　在分析模块，可以保存多个模块的结果到文件中。例如，可以保存时程曲线模块的时程曲线结果，也可以保存使用比模块的使用比，然后可以采用电子表格处理这些结果。

　　在模块右端有个文件按钮。若保存可以使用（变成绿色），则可以保存当前结果到文件。需要输入文件名称或其他信息。

2.5.3　ECHO 文件

　　若打印包括整个建模模块的报告（这个报告介绍整个分析模型），则必须先打开每个建模阶段的模块，再打印每个模块的一个或多个报告，然后组织这些单个部分形成一个报告。这样生成报告具有较大的弹性，但它会花费大量时间。因此，为了方便可以使用 PERFORM-3D 的ECHO 文件。

　　当 PERFORM-3D 处理结构数据，程序会在 ECHO 文件中写入数据。打印报告对结构和加载提供了整个描述。根据需要，可以检查文件（如采用 **Windows WordPad utility** 程序），也可以打印出来。

2.5.4　打开结果文件

　　PERFORM-3D 提供了处理分析结果的不同工具，分析结果被保存为 text 文件，便于采用电子表格处理。

2.6　建模分析实例

2.6.1　启动 PERFORM-3D

问题描述:简单平面框架,基本信息如图 2.4 所示。

首先,启动 PERFORM-3D,可以双击该软件的桌面图标,或者从开始菜单中点击该软件启动。

启动之后出现的界面如图 2.5 所示。

点击 **Start a new structure**(新建结构文件)。出现如图 2.6 所示的界面,输入结构名称(**Structure Name**):FRAME。选择力的单位(**Force Unit**):N,长度单位(**Length Unit**):m。确定了力和长度单位,程序将会自动换算重力加速度,本例为 9.8145 N/m^2。

注意:除了组件属性以外,这个单位制还应用于所有构件。根据需要,可以在不同的组件属性中使用不同的单位制。

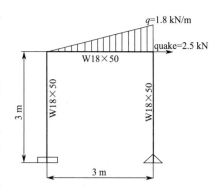

图 2.4　简单平面框架

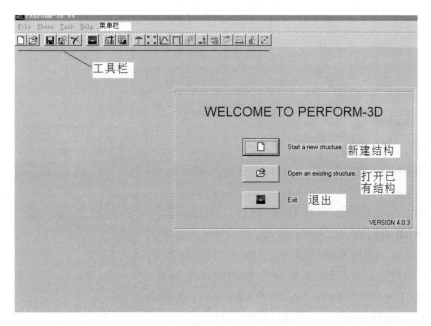

图 2.5　PERFORM-3D 开始界面

结构文件将会存放在软件默认的地方,这在第 3 章将有详细介绍。

注意,一旦定义好这些内容之后,后期将无法对这些进行变更。

接着,还必须对结构进行描述(**Structure Description**),可以采用便于理解的英文进行描述,本结构是简单的平面框架,故可输入:simple plane frame。定义最小节点间距,默认为0.15 m。自动保存文件的时间间隔可以选择每隔 5/10/20/40 min 保存一次,或者 **Never**(不自动保存)。选择出错后是否报错(**Beep with error message**)。如需要,这些定义后期仍然可以修改。

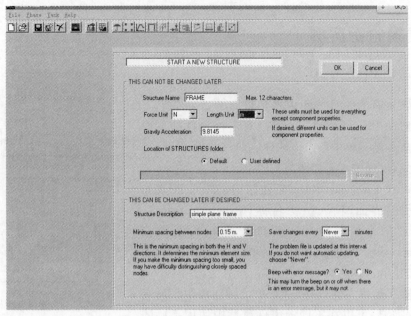

图 2.6　定义新建结构的整体信息

定义好之后，点击界面右上角的 **OK**。会出现如图 2.7 所示的界面。

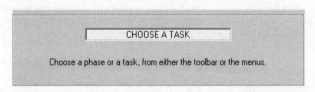

图 2.7　完成定义后的界面

2.6.2　定义节点、支座、质量和约束

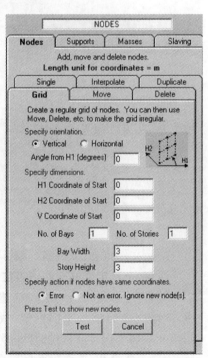

选择 **Modeling phase**（建模阶段）的模块 **Nodes**，将会出现如图 2.8 所示的界面。

定义和编辑节点的方式有 **Grid**（网格）、**Single**（单个节点）、**Interpolate**（插入）、**Duplicate**（复制）、**Move**（移动）和 **Delete**（删除）。采用 **Grid**（网格）方式生成节点，输入图 2.8 中所示的数据，H1、H2 和 V 坐标轴的起点都为 0。跨数（**No. of Bays**）为 1，层数（**No. of Stories**）为 1，即单跨单层。跨长（**Bay Width**）为 3，层高（**Story Height**）为 3，长度单位为 m。点击 **Test** 一次，将会生成黄色的预览，然后点击 **OK** 会生成节点。有关节点的操作请看第 4 章具体内容。

点击 **Supports**，定义支座。左端固支，右端铰支。选择左下角的节点，选中之后显示为红色，即将六个自由度都约束住（**Fixed**），如图 2.9 所示。同理，选中右下角的节点，将平动自由度都约束住（**Fixed**），释放转动自由度（**Free**）。双击 **Test**，生成支座。

图 2.8　节点模块数据输入区

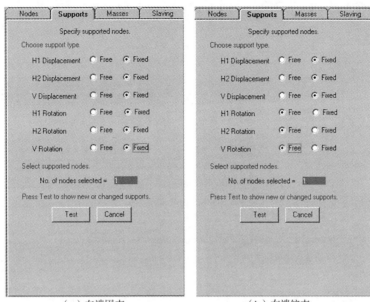

（a）左端固支　　　　　　　　　　　　（b）右端铰支

图 2.9　定义支座

点击 **Masses** 模块，点击 **New**，输入名称：Nodal mass，点击 **OK**。选中上部两个节点，按图 2.10 输入质量数据。由于是简单平面框架，所以无转动质量。其中 2 190 N＝W18×50 截面单位长度的重量×构件长度＝729.987 N/m×3 m。输入完毕后，点击 **Test**，然后点击 **OK** 生成节点质量。注意保存模型，养成保存模型的好习惯，以免后面操作出错退出程序，造成不必要的麻烦。

2.6.3　定义组件属性

因为是单层单跨的平面简单框架，所以不需要定义楼面约束 **Slaving**，直接进入 **Component properties**（组件属性）模块定义组件属性。

如图 2.11 所示，组件属性界面共有六个标签，分别是 **Material**（材料）、**Strength Sects**（强度截面）、**Compound**（组装组件）、**Inelastic**（非弹性组件）、**Elastic**（弹性组件）、**Cross Sects**（横截面）。本例子比较简单，所以只用到 **Cross Sects** 和 **Compound**，其他的任务栏将在后面的内容中讲到。

如图 2.12 所示，选择 **Type** 下拉表单中的 **Beam**，**Standard Steel Section**（梁，标准钢截面）。点击 New，输入截面名称：BeamW18×50，选择单位制：N，mm，如图 2.13 所示，点击 OK。

选择如图 2.14 所示的标准截面 W18×50，右边的界面显示出截面的具体信息，如图 2.15 所示。

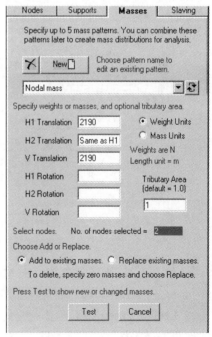

图 2.10　定义节点质量

点击图 2.14 中的 **Check**，检查无错误后点击 **Save** 保存定义好的截面。同理，在 **Type** 下拉菜单中选择 **Column**，**Standard Steel Section**（柱，标准钢截面），定义名称为 ColumnW18×50，操

作与定义 BeamW18×50 一样。定义好梁柱组件后点击 **Compound** 组装这些已经定义的组件。

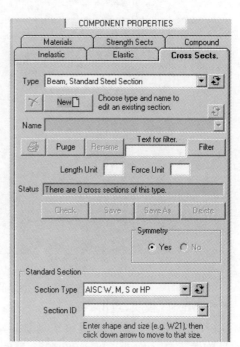

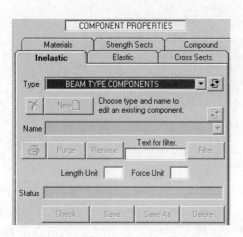

图 2.11　组件属性界面

图 2.12　Cross Sects 界面

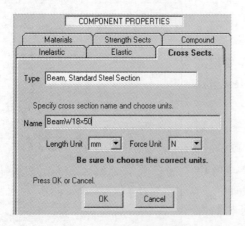

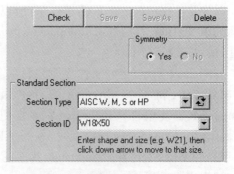

图 2.13　定义截面名称

图 2.14　选择标准截面 W18×50

　　如图 2.16 所示,选择 **Frame Member Compound Component**(框架构件复合组件),定义梁的名称:Beam,在右边界面选择如图 2.17 所示的选项。

　　Length Type(长度类型)选择 **Proportion of unassigned length**(按照比例),**Length Value**(比例系数)为 1。选择 **Add**,点击左边的 **Check**,检查没有错误后点击 **Save** 保存组装好的组件。同理按照图 2.18 所示,组装柱组件。点击图中 **Self Weight** 输入 730,默认单位为 N/m。

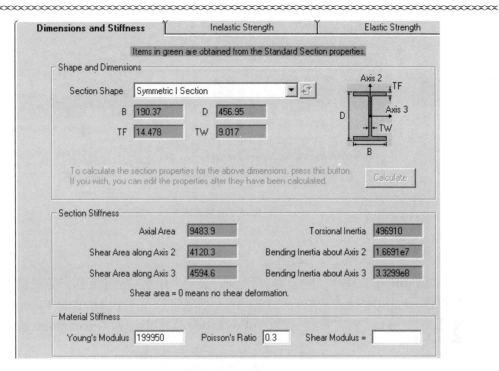

图 2.15　右边图形界面所示 W18×50 的具体信息

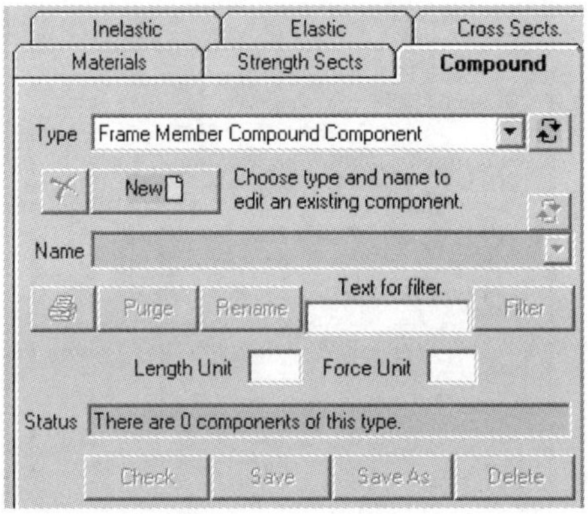

图 2.16　组装组件

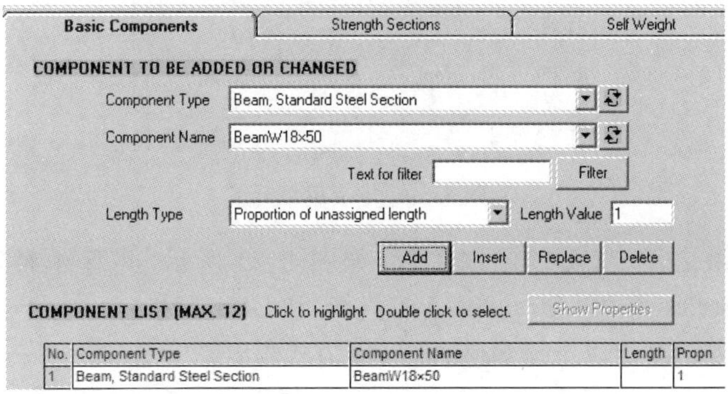

图 2.17　组装梁组件选项

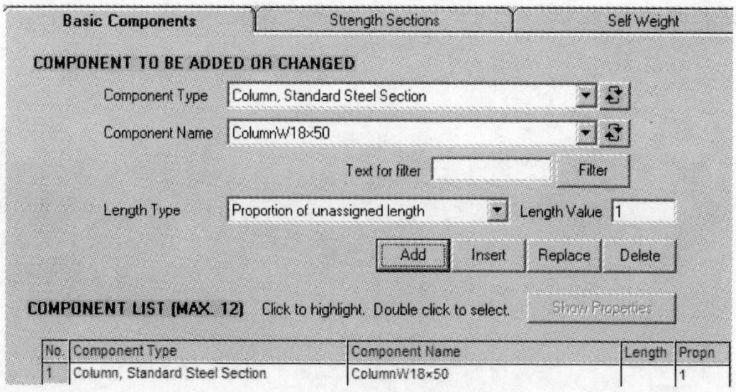

图 2.18　组装柱组件

2.6.4　定义单元

　　点击 **Element**(单元)模块,在定义单元之前,必须先建立一个单元组。定义梁单元组,如图 2.19 所示,点击 **OK** 生成梁单元组 BEAM,然后就可以在这个组中 **Add Elements**(添加单元)和 **Delete Elements**(删除单元),并赋予 **Properties**(单元属性)和 **Orientations**(局部方向)。

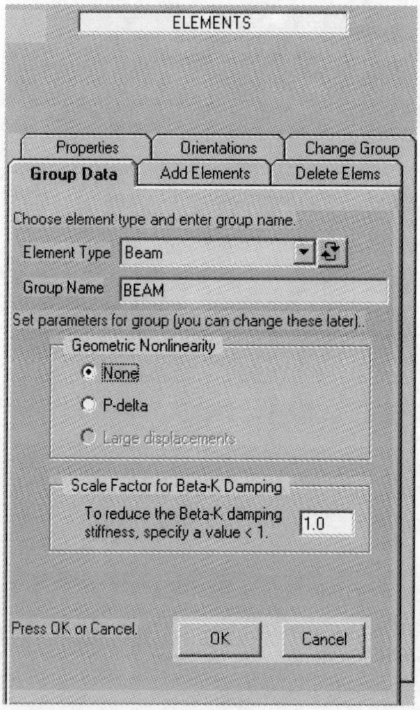

图 2.19　定义梁单元组

　　定义好单元组之后,就可以添加单元,如图 2.20 所示,共有 4 种添加单元的方式:**Sequence**(串联)、**Series**(并联)、**Straight Line**(直线)和 **Grid**(网格)。

　　由于本例比较简单,所以选择 **Straight Line** 方式画出梁单元。按顺序选择上部两个节点,选中后两节点变为红色,点击 **Test** 可以预览效果,然后点击 **OK** 画出梁单元,这时显示为蓝色。接下来赋予梁单元组件属性,选中梁单元,点击 **Assign Component**,如图 2.21 所示。点击

Show Properties 可以查看组件属性,点击 **Clear Selected Element** 可以清除所选的单元。

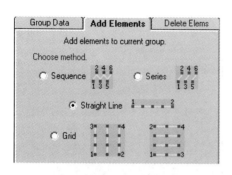

图 2.20 添加单元到单元组

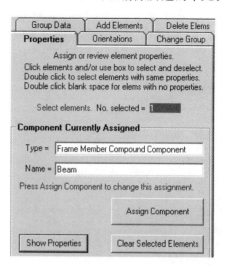

图 2.21 赋予梁单元组件属性

点击 **Orientations** 赋予梁单元的局部方向,如图 2.22 所示。共有 8 个方向可选,这里选择 **Vertical up**(竖直向上)。选择单元,并点击 **Test** 预览,检查没有错误后点击 **OK**。

同理,按图 2.23 定义柱单元组,并绘制柱单元,赋予柱单元属性和局部方向,局部方向为 **+H1**。

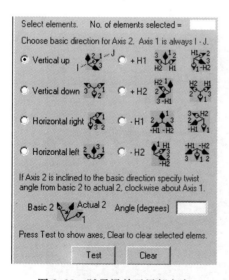

图 2.22 赋予梁单元局部方向

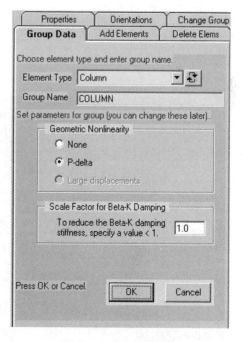

图 2.23 定义柱单元组

2.6.5 定义荷载模式

定义荷载模式,点击 **Load patterns**(荷载模式),选择 **Nodal Loads** 标签,定义节点荷载 quake=2 500 N(注意单位),如图 2.24 所示。

　　然后,如图 2.25 所示,点击 **Element Loads**(单元荷载)定义梁单元上的均布荷载 $q=$ 1 800 N/m。选中梁单元,**Subgroup number**(荷载单元子集数)将会为 1,点击 **Done**,便可生成这个子集,然后才能对这个子集的单元 **Add Loads**(添加荷载)。添加荷载如图 2.26 所示。

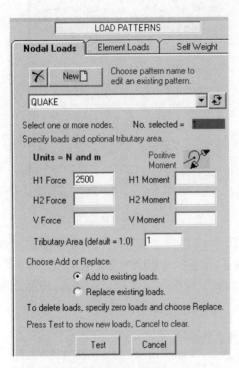

图 2.24　定义节点荷载 quake

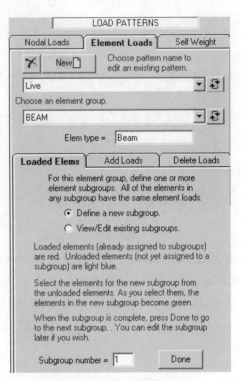

图 2.25　定义梁单元荷载子集

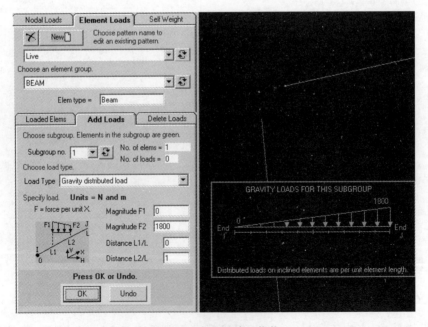

图 2.26　定义梁单元荷载

定义 **Self Weight**(单元自重荷载),按照不同的组来定义。选中单元为黄色,点击 **Test**,检查无误后点击 **OK**。

2.6.6 定义分析工况和运行分析

点击 **Analysis phase**(分析阶段),然后点击 **Set up load cases**(定义荷载工况),从 **Load Case Type**(荷载工况类型)下拉表单中选择 **Gravity**,按照图 2.27 所示定义重力荷载工况。

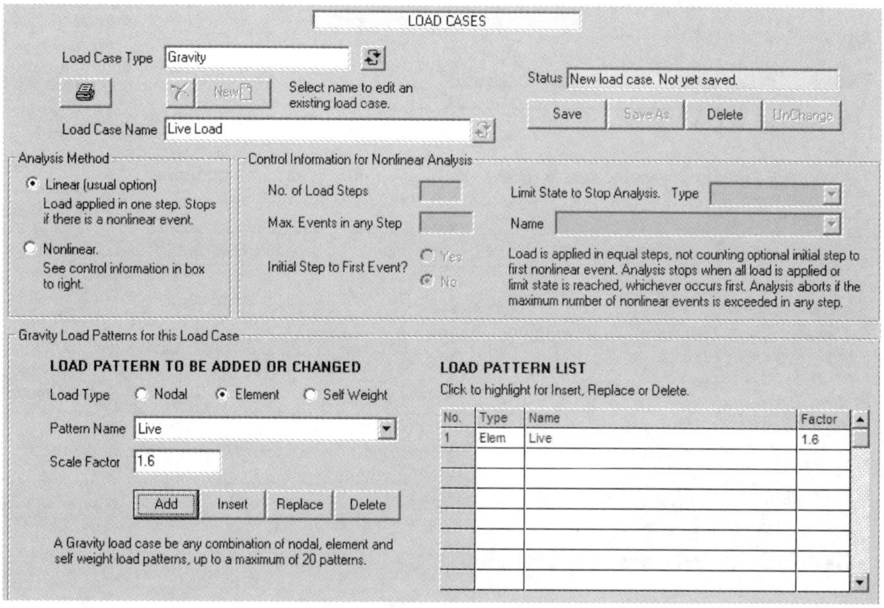

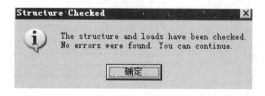

图 2.27 定义重力荷载工况

点击 **Save** 保存定义好的荷载工况。然后点击 **Run Analyses**(运行分析),点击 **Check Structure**(检查结构模型),如结构和荷载信息无误,则会显示如图 2.28 所示的提示信息,即:结构和荷载已经被检查,没有找到错误,你能进行运行分析。否则,将会报错,你必须根据错误原因修改模型,检查无误后才能运行下一步分析。查找错误原因,可到默认文件夹下找到 ECHO 文件,查看文件记录的信息。

图 2.28 检查模型

输入分析工况的名称:Live Load(不超过 12 个字符)和描述:Live Load Vertical,输入 **Scale Factor**(比例系数)为 1,**Number of mode shapes**(振型数量,不超过 50 个)为 5,如图 2.29 所示。输入完成后点击 **OK**,出现如图 2.30 所示的窗口,点击 **Add** 添加重力荷载工况,完成后点击 **GO**,运行分析。

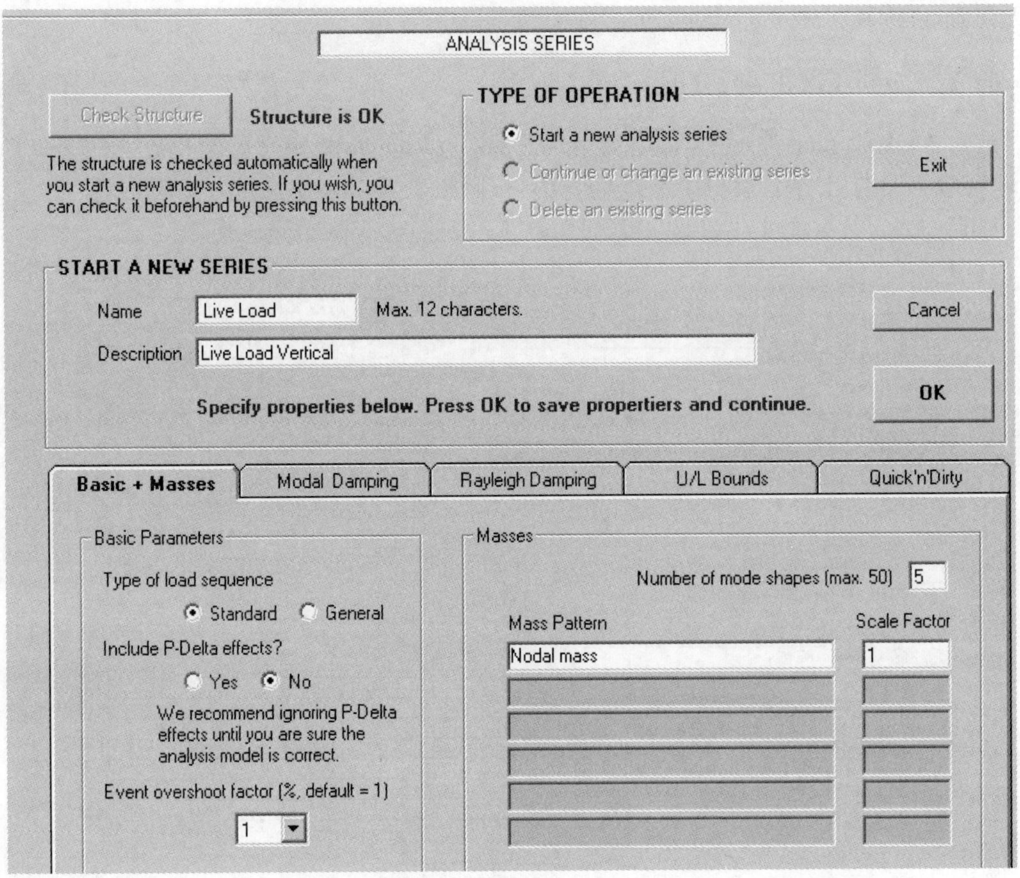

图 2.29　定义分析参数

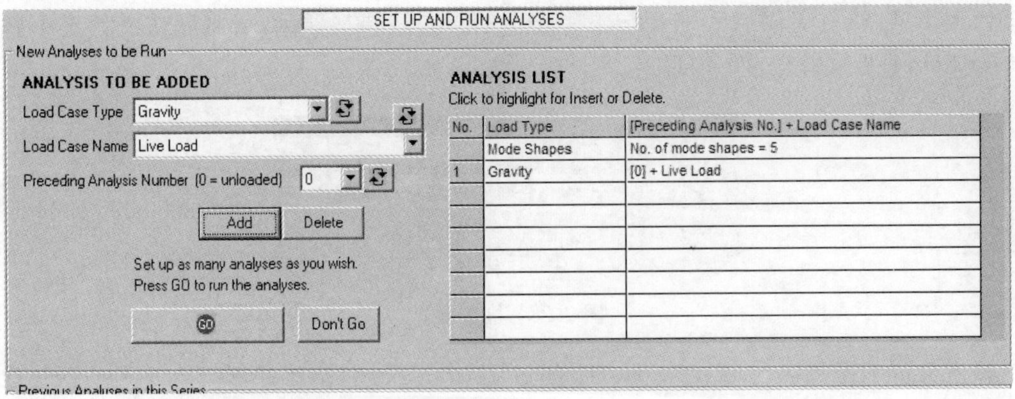

图 2.30　运行分析

分析完之后将会显示如图 2.31 所示界面，点击 **OK** 进行结果处理操作。

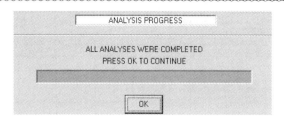

图 2.31　分析结束

2.6.7　查看分析结果

点击 **Modal analysis results**（模态分析结果），可以查看该结构的模态分析结果，如图 2.32 所示，第一振型周期为 1.779 s，H2 有效振型质量系数为 0.5095，同理也可查看其他的振型。点击 **Plot**，右边图形界面将会显示振型形状；点击 **Animate**，右边图形界面将会显示动态振型形状。

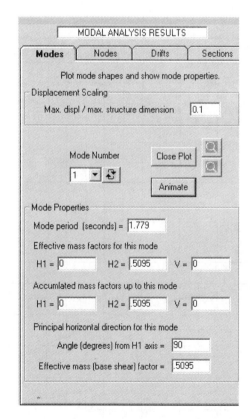

图 2.32　模态分析结果

点击 **Moment and shear diagrms**（弯矩图和剪力图），选择梁单元组，再选择 **Gravity loads on element**，在图形界面选中梁单元，点击 **Plot**，将会画出梁单元的重力分布，如图 2.33 所示。

选择 **Moment and shear diagrams，envelopes only**（仅画出弯矩包络图和剪力包络图），点击 **Plot**，画出如图 2.34 所示图形。由于是简单的平面框架的重力荷载工况分析，所以不能查看其他分析结果。

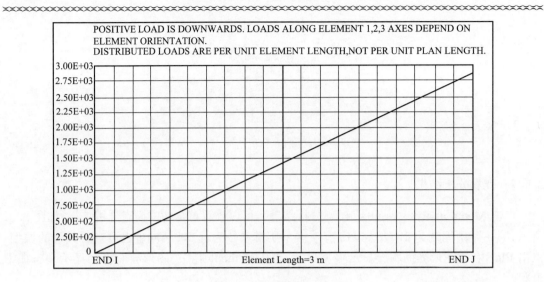

图 2.33　梁单元重力分布

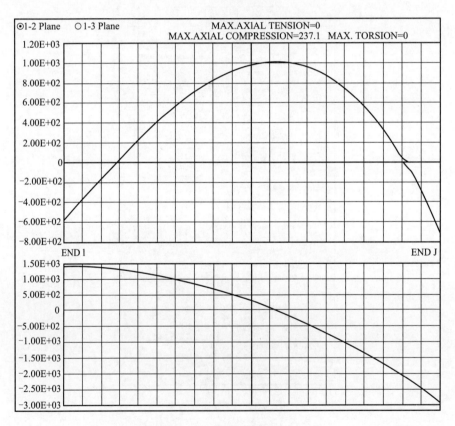

图 2.34　弯矩图和剪力图

第3章 PERFORM-3D 文件夹和文件

在 PERFORM-3D 中,每个分析模型都被保存在单独的结构文件夹下,程序会生成这个结构的一系列文件。对于大量的结构文件,本章将简单介绍这些文件夹和文件。

若从线性分析程序导出 PERFORM-3D 格式模型文件,则可以利用导入模型来节省建模时间,同样也可以导出模型。PERFORM-3D 可以导入节点质量和节点荷载等数据,也可以导入导出非弹性和弹性组件数据,还可以利用这些组件建立常用组件库并导入形成不同的模型。

3.1 保存和打开结构文件

3.1.1 文件清单

PERFORM-3D 采用一些标准文件夹包保存计算程序、用户手册、加速度时程记录和其他文件。对于 V4 版本程序,默认文件在 Windows 系统目录 Program Files 文件夹下;而对于 V5 版本程序,由于 Windows 添加了安全特性来保护原始文件,因此程序的一些标准文件夹被移到别处。

标准文件包括以下文件夹:

(1)Program(程序)文件夹,这个文件夹包括了 PERFORM-3D 计算程序,还有程序用到的一些文件。若安装了 PERFORM-3D,则默认的 Windows 文件夹路径为:

C:\ProgramFiles\Computers and Structures\PERFORM\PERFORM-3D\Program

(2)Manual(手册)文件夹。这个文件夹下有 PERFORM-3D 用户使用文档。这个文件夹是 PERFORM-3D 文件夹的子文件夹。

(3)Key Driver(锁驱动)文件夹。这也是 PERFORM-3D 文件夹的子文件夹。

(4)Structures(结构)文件夹,这个文件夹是默认保存 PERFORM-3D 结构文件的位置。

(5)Records 文件夹,这个文件夹下含有 PERFORM-3D 格式的地震波文件。

(6)RecordsF 文件夹,这个文件夹下包含有 PERFORM-3D 格式的动力荷载记录。

(7)Spectra(谱)文件夹,这个文件夹下含有 PERFORM-3D 格式的反应谱文件。

(8)User(用户)文件夹,这个默认的文件夹下含有导入导出的数据文件。当然也可以新建文件夹来存放导入导出的数据文件。

3.1.2 程序和结构文件夹

PERFORM-3D 安装程序默认保存在如下 Windows 文件夹(目录)下。

V4 版本程序的默认结构文件夹的路径为:

C:\Program Files\Computers and Structures\PERFORM\PERFORM-3D\Program

V5 版本程序的默认结构文件夹的路径依赖于 Windows 系统。

对于 Windows7 或 Vista 系统:

C:\ Users \（UserNameAtInstallation）\ My Documents \ Computers and Structures\ PERFORM

对于 Windows XP 系统：

C:\Documents and Settings\(User Name AtInstallation)\ My Documents\Computers and Structures\PERFORM

安装程序时,也可以选择其他路径存放程序文件夹,并可通过搜索文件夹找到这些文件夹。

除非定义了其他的保存路径,否则结构文件会保存在默认的文件夹里。每种结构的结构文件夹里会有与结构名称相同的子文件夹。例如,命名结构"Structure-1",则会有如下的文件夹：

(1)对于 V4 版本程序：

C:\Program Files\Computers and Structures\PERFORM\PERFORM-3D\Structures\Structure-1

(2)对于 V5 版本以上的程序,Windows 7 或 Vista 操作系统：

C:\ Users\(UserNameAtInstallation)\My Documents\ Computers and Structures\PERFORM\Structures\Structure-1

(3)对于 V5 版本以上的程序,Windows XP 操作系统：

C:\Documents and Settings\(UserNameAtInstallation)\ My Documents\Computers and Structures\ PERFORM\Structures\Structure-1

为了方便,可以自定义用户结构文件夹。例如,工程名称为 Project A,可以定义用户文件夹为 Project-A。对于 V5 版本以上的程序,Windows 7 或 Vista 操作系统文件路径可能为：

C:\ Users\(UserNameAtInstallation)\My Documents\ Computers and Structures\PERFORM\Project-A

也可以选择其他任意的文件保存路径。

3.1.3　保存结构文件

当保存新结构文件时,可以选择将它放在默认的结构文件夹(选择"Default"选项)或在用户结构文件夹(选择"User defined"选项)。对于用户定义的选项,能输入文件路径或搜索到文件夹。若文件夹不存在,则保存结构文件时将会生成新的文件夹。而后再次保存结构时,则自动保存在该文件夹中。

3.1.4　打开结构文件

当打开已有结构时,可以看见"Default"和"User"选项,若选择"Default",则默认的结构文件会在表格中列出来。可以使用日期或名称将其分类。打开结构文件,可在表格中点击它,再点击 Open(或在表格中双击它)。若选择"User"选项,则可以输入文件夹名或搜索到它。当选择"User"选项时,结构文件也会在表格中列出来。

当打开已有结构文件时,还可以看到第三个选项,即"Recent"选项。若选择了"Recent"选项,则当前最多可以打开 10 个结构文件。一般地,选择"Recent"选项。

3.2　ECHO 文件路径

文件 ECHO.txt 记录了结构数据、加载和分析的信息。这个文件的位置如下：

若定义了结构文件"Structure-1",则结构文件夹里将有同样名称的文件。若采用默认结构文件夹,则路径为:

(1)对于 V4 版本程序:

C:\Program Files\Computers and Structures\PERFORM\ PERFORM-3D\Structures\Structure-1

(2)对于 V5 版本以上的程序,Windows 7 或 Vista 操作系统:

C:\ Users \ (UserNameAtInstallation) \ My Documents \ Computers and Structures \ PERFORM\Structures\Structure-1

(3)对于 V5 版本以上的程序,Windows XP 系统:

C:\Documents and Settings\(UserNameAtInstallation)\ My Documents\Computers and Structures\ PERFORM\Structures\Structure-1

文件夹 Structure-1 里包含大量的文件,每个分析工况的子文件。例如,若定义了分析工况为"Series-A",采用默认的结构文件夹,则分析的工况文件夹路径如下:

(1)对于 V4 版本程序:

C:\ProgramFiles\Computers and Structures\PERFORM\PERFORM-3D\Structures\Structure-1\Series-A

(2)对于 V5 版本以上的程序,Windows 7 或 Vista 操作系统:

C:\ Users \ (UserNameAtInstallation) \ My Documents \ Computers and Structures \ PERFORM\Structures\ Structure-1\Series-A

(3)对于 V5 版本以上的程序,Windows XP 系统:

C:\Documents and Settings\(UserNameAtInstallation)\ My Documents\Computers and Structures\ PERFORM\Structures\Structure-1\Series-A

3.3　移动或复制工程或结构文件

移除整个或单个结构,可使用 **Windows Explorer** 移除相应的文件夹。

若从一台电脑复制工况或结构到另一台电脑,可复制相应的文件夹,如此时在做动力分析,则必须保证第二台电脑上也有同样的地震加速度记录。可以重命名工程的文件夹,但不能重命名结构文件夹,因为结构文件夹名必须与结构名称保持一致。

3.4　其他文件夹

3.4.1　User 文件夹

当第一次运行 PERFORM-3D 时,程序会生成 User 文件夹。若按照默认的路径安装程序,则 User 文件夹的位置为:

(1)对于 V4 版本程序:

C:\Program Files\Computers and Structures\PERFORM\ PERFORM-3D\User

(2)对于 V5 版本以上的程序,Windows 7 或 Vista 操作系统:

C:\ Users \ (UserNameAtInstallation) \ My Documents \ Computers and Structures\ PERFORM

(3)对于 V5 版本以上的程序，Windows XP 系统：

C:\Documents and Settings\(UserNameAtInstallation)\My Documents\Computers and Structures\PERFORM

这个文件夹主要用于以下操作：

(1)对于某些分析模块，可以保存一个或多个文件的结果，然后用电子表格处理它们。

(2)生成新的地震波加速度记录，必须有 text 文件格式的记录，然后使用 PERFORM-3D 处理这个文件。

3.4.2　Records 文件夹

当第一次运行 PERFORM-3D 时，它会生成记录文件夹保存地震分析的地震波加速度记录。若按照默认的路径安装了 PERFORM-3D,则地震波记录的文件夹路径为：

(1)对于 V4 版本程序：

C:\Program Files\Computers and Structures\PERFORM\Records

(2)对于 V5 版本以上的程序，Windows 7 或 Vista 操作系统：

C:\ Users \(UserNameAtInstallati on)\ My Documents \ Computers and Structures\ PERFORM

(3)对于 V5 版本以上的程序，Windows XP 系统：

C:\Documents and Settings\(UserNameAtInstallation)\My Documents\Computers and Structures\PERFORM

3.4.3　RecordsF 文件夹

当第一次运行 PERFORM-3D 时，程序会生成 RecordsF 文件夹来保存动力分析的力时程记录。若按照默认的路径安装了这个程序，则这个记录文件夹路径为：

(1)对于 V4 版本程序：

C:\Program Files\Computers and Structures\PERFORM\RecordsF

(2)对于 V5 版本以上的程序，Windows 7 或 Vista 操作系统：

C:\ Users \(UserNameAtInstallation)\ My Documents \ Computers and Structures\ PERFORM

(3)对于 V5 版本以上的程序，Windows XP 系统：

C:\Documents and Settings\(UserNameAtInstallation)\My Documents\Computers and Structures\PERFORM

3.4.4　Spectra 文件夹

当第一次运行 PERFORM-3D 时，程序会自动生成 Spectra 文件夹来保存反应谱分析中的反应谱。若按照默认的路径安装了这个程序，则这个记录文件夹路径为：

(1)对于 V4 版本程序：

C:\Program Files\Computers and Structures\PERFORM\Spectra

(2)对于 V5 版本以上的程序，Windows 7 或 Vista 操作系统：

C:\ Users \(UserNameAtInstallation)\ My Documents \ Computers and Structures\ PERFORM

（3）对于 V5 版本以上的程序，Windows XP 系统：

C:\Documents and Settings\(UserNameAtInstallation)\My Documents\Computers and Structures\PERFORM

3.5　模型导入和导出

3.5.1　导入模型

1. 导入 txt 格式的模型

PERFORM-3D 不能直接导入其他软件建立的模型。所以，一般从其他软件导出模型数据，然后编辑成逗号隔开的 txt 格式数据文件后，PERFORM-3D 才能读入这些数据文件。也可以直接从其他软件导出数据或者电子表格格式的数据文本。在 PERFORM-3D 中可以导入以下数据文本：

（1）单元，有或无节点信息；

（2）只有节点，通常是节点和单元一起导入；

（3）节点质量；

（4）节点荷载。

关键就是这些点必须按照（H1，H2，V）坐标格式来定义。例如，导入 4 节点墙单元，txt 格式文档中每个单元必须有 12 个坐标，单元 I、J、K、L 节点各有三个坐标。

2. 带节点选项的单元文件

在 PERFORM-3D 模型中，单元是以单元组来定义的。在一次导入操作中，每个不同的组必须导入不同的 txt 文档。这并不表示每个单元组必须都得有 txt 文件。根据需要可以将所有的单元放在一个文档中，并分别导入单元，后面将会介绍具体操作。尽管如此，最好将不同的单元组放在不同的文档中。而且可以从一个单元组中读入单元，然后将这个单元分成单独的组。

对于每个单元组，可以选择导入不带节点的单元或带节点的单元，不同之处如下：

（1）若导入不带节点的单元，则 PERFORM-3D 模型已经存在节点，才能导入这个单元。这个节点是否存在，取决于 PERFORM-3D 模型节点最小间距的三分之一。这个间距是 6 in 或 15 cm，但可以设定不同的值来导入所需的单元。若节点的 H1、H2 和 V 坐标都存在，且在容差内（2 in 或 5 cm），则这个单元能被导入。否则，程序将提示无法导入单元。

（2）若导入带有节点的单元，即使这些节点不存在这个模型中，则也能导入这个单元。若节点不存在，则程序将会生成一个新的节点。容许容差为 6 in 或 15 cm。

文件格式如下：

（1）前 N 行描述文档，每行的长度不定，但必须以回车结束。当导入数据时，这些行将会被跳过。

（2）后面的行，每行一个单元，格式如下：①单节点单元（如梁柱节点单元），每行包括节点 H1、H2 和 V 坐标，并用逗号隔开；②双节点单元（如梁单元），每行包含 I 节点和 J 节点的 H1、H2 和 V 坐标。

（3）4 节点单元（如剪力墙单元），每行包括 12 个数值，即每个节点的 H1、H2 和 V 坐标。有两个选项来定义这些点，第一个选项是 I、J、K、L；I 在左下方，J 在右方，K 在左上方，L 在右上方；按锯齿形排列，并不是沿单元四周。第二个选项是 I、J、L、K，按逆时针顺序排列。

坐标单位长度必须与结构全局坐标的长度单位一样。若必须在 PERFORM-3D 中定义单元属性，可以导入单元的基本几何信息，则必须定义单节点和 4 节点单元的局部坐标。

3. 节点文件

除非需要利用节点定义新的单元，否则一般不需直接导入节点。节点文件的格式如下：

(1) 前 N 行描述文档，每行的长度不定，但必须以回车结束。当导入数据时这些行将会被跳过。

(2) 后面的行，每行一个单元，每行包括节点 H1、H2 和 V 坐标，并用逗号隔开，坐标单位应与全局坐标一致。

若这行的节点已经存在，则这行的节点将会被忽略。容差等于程序模型设定的最小节点间距(6 in 或 15 cm)，但也可以设定不同的值来导入所需模型。若导入节点的间距小于 6 in 或 15 cm，则程序将会提示警告。

4. 节点质量文件

为了导入质量，必须先定义或导入节点。节点质量文件的格式如下：

(1) 前 N 行描述文档，每行的长度不定，但必须以回车结束。当导入数据时，这些行将会被跳过。

(2) 后面的行，每行一个质量，每行包括节点 H1、H2 和 V 坐标，后面是 6 个质量数值，即节点在 H1、H2 和 V 方向的平动质量和 H1、H2 和 V 方向的转动质量，其坐标单位应与全局坐标一致。质量单位纲为 FT^2/L，其力和长度单位必须与全局坐标的单位一致，并且时间单位为秒。若文件包含不存在的节点(坐标与已有坐标不一致)，则该节点的质量不能被导入。容差为最小节点间距(6 in 或 15 cm)，但可以设定不同的值来导入所需的节点质量。若导入节点的间距小于 6 in 或 15 cm，则程序将会提示警告。

若节点已有质量，则导入的质量将会附加到节点已有质量上。若节点有两倍或多倍该节点的质量时，则这些质量都会被附加在这个节点上。

也可以使用文件仅导入节点(只含节点坐标，无节点质量)，当选择节点质量时，这个选项是有效的。采用同一文件去先读取节点，然后读取质量，这样做很方便。

5. 节点荷载文件

节点荷载可以导入，而单元荷载必须在 PERFORM-3D 里定义。在 PERFORM-3D 模型中，荷载类型是有序的。荷载工况由荷载类型组成，可以只导入荷载类型。

在单一导入操作过程中，能导入一种荷载类型。将荷载类型分成几个独立的文本文档分别导入每种类型的荷载是个好方法，但一般不必这样做。为了导入荷载，一般必须先定义或导入节点，节点荷载文件的格式如下：

(1) 前 N 行描述文档，每行的长度不定，但必须以回车结束。当导入数据时，这些行将会被跳过。

(2) 后面的行，每行一个荷载组，每行包括节点 H1、H2 和 V 坐标，后面是 6 个荷载值，即节点在 H1、H2 和 V 方向的力与 H1、H2 和 V 方向的弯矩，由逗号隔开，节点的坐标、力和长度单位必须与全局坐标一致。若文件包含不存在的节点(坐标与已有坐标不一致)，则程序无法导入荷载。容差为最小节点间距(6 in 或 15 cm)，但可以设定不同的值来导入所需的荷载。若导入节点的间距小于 6 in 或 15 cm，则程序将会提示警告。

若节点已有荷载，则导入的荷载将会附加到已有荷载上。如果节点有两倍或多倍荷载时，那么这些荷载都会被加在这个节点上。

也可以使用文件仅仅导入节点(只导入节点坐标,无节点荷载)。当用节点荷载时,这个选项是有效的。这将很方便地用同一个文件先读取节点,然后读取荷载。

3.5.2　导入单元节点

在 PERFORM-3D 中,单元被划分为单元组。若导入单元,则必须按单元组导入,而且每个单元组必须用不同的文件名。若导入相同单元,则必须用一文件导入。可以导入文件形成与导出的单元组相对应的不同单元组,或导入多个文件来形成一个单元组,或采用包括一些文件的内容的一个文件进行导入。

若采用其他软件生成的包含单元数据的文本,则这些单元可能没有分成对应于模型单元组的文件。例如,在 PERFORM-3D 中的梁柱单元是相同的文件;而 PERFORM-3D 中的 4 节点单元有剪力墙单元、通用墙单元和板壳单元,这些单元必须定义不同的组。因此,4 节点单元文件必须包含所需赋予单元的不同单元类型。以上情况的处理方法如下:

1. 梁柱单元在一个文件

若定义的梁柱单元在一个单元组,则必须按以下步骤来处理:

(1) 选择 **Elements** 模块,定义所需无单元的单元组。

(2) 选择 **Import/Export Structure Data** 模块,导入这些组的所有单元。

(3) 返回 **Elements** 模块,选择 **Change Group** 标签,移动单元到指定的组。在 PERFORM-3D 中,可以从梁单元组移动单元到到柱单元组,或从柱单元组移动单元到到梁单元组。

若文件中的单元是有序的,则有一个比较简单的方法,即编辑文档,分解成两个或多个文件,然后将这些仅包含所需定义梁柱单元的文件导入到各自的单元组去。

2. 剪力墙和通用墙单元在一个文件中

与梁柱相似,步骤相同。在 PERFORM-3D 中,可以从剪力墙单元组移动单元到通用墙单元组,或从柱单元组移动单元到到梁单元组。

3. 互不相容的单元类型在一个文件中

假如有个文件,它包含了一系列对角支撑单元,以及所需定义的支撑或其他框架单元模型,还有其他的约束屈曲支撑框架单元,那么不能采用前面方法,因为 PERFORM 不能允许从一个支撑或其他框架单元复制单元。在这种情况下,可以编辑文件分开单元。若这样不方便,则可以按以下操作解决问题。

这个操作比分开框架或墙单元复杂。如果不能使用 **Change Group**,那么必须使用 **Import/Export** 栏。

首先,考虑从一个支撑或框架组移动所有单元到约束屈曲支撑框架单元组。步骤如下:

(1) 选择 **Elements** 模块,定义一个所需的约束屈曲支撑框架单元组,无单元的。

(2) 选择 **Import/Export Structure Data** 模块,导出支撑或框架组到一个文件,保证文件中不含单元方向的信息。

(3) 删除支撑或框架单元组。

(4) 选择 **Import/Export Structure Data** 模块,重新导入单元到约束屈曲支撑框架单元组。

第二,考虑一个单元文件,分成两种类型单元。假如想将这些单元分成支撑或框架组和约束屈曲支撑框架单元组,步骤如下:

(1) 选择 **Elements** 模块,定义两个支撑或框架组的单元组。

(2) 选择 **Import/Export Structure Data** 模块,导出其中一个单元组。

（3）选择 **Elements** 模块，点击 **Change Group** 标签，从约束屈曲支撑框架单元组移动所需单元到第二个组。

（4）使用以上操作，导出第二个组的单元，再导入单元成约束屈曲支撑框架单元组。

（5）根据需要，选择 **Elements** 模块，点击 **Change Group** 将单元组分成两个更小的单元组。

3.5.3　导入导出过程

1. 导入

如前所述，输入数据时，必须使用逗号隔开。对大小适中的结构，直接生成单元文件，第二是质量文件，第三是荷载文件。在这个模块中，首先导入单元和对应的单元组，将会生成节点，然后导入质量和荷载，在导入过程中，可以做任何操作，比如定义边界条件和框架。

对于庞大的结构，一般最好采用多个文件导入。例如，每种单元类型的文件采用一个文档，每种荷载也采用一个文档。

导入操作：选择 **Modeling** 模块和 **Import/Export Structure Data** 标签。选择 **Import** 和 **Elements**、**Nodes**、**Masses** 或 **Loads** 标签，然后按照以下操作。

对于每个导入操作，必须定义文档的名称。若这个文件是在 USER 文件夹下，则需要定义名称（包括任何扩展名". txt"）。若文件在其他位置，则必须给它个完整的路径，保证能搜索到。必须定义行数跳过文件的开头部分，而且行数也将会被读入。必须跳过这些文件开头的一些描述，也可以选择跳过其他的行。

例如，假设定义了三行描述，则接下来所有的都是结构的单元数据。假设想把前 100 个单元放到单元组 1 中，接下来的 100 个放到单元组 2 中，剩下的放到单元组 3 中，这样就生成了三个组。这需要导入三次。在第一次，跳过三行，读入 100 行生成单元组 1；在第二次，跳过103 行读入 100 行到单元组 2 中；在第三次操作中，忽略 203 行，读入剩下的行到单元组 3 中。

2. 导出

导出操作：选择 **Import/Export Structure Data** 模块，选择 **Import** 和 **Elements**、**Nodes**、**Masses** 或 **Loads** 标签。

3.5.4　导入导出构件属性

1. 一般过程

从结构分析模型导出组件属性，导入到另一个结构分析模型中，操作如下：

（1）从一个结构导出一个完整的组件属性，再导入这些属性到另一个结构。

（2）导出指定类型的组件属性（例如，纤维截面、隔震构件），再导入到另一个结构。

（3）生成常用组件库，再导入这些组件到结构。

导入导出就是读入写出文件。这些不是文档文件，并且不能编辑。PERFORM-3D 现在允许从文档文件中导入组件属性。

2. 导入导出过程

（1）建立一个组件

定义组件。若建立标准组件库，则建立新的结构分析模型和定义组件而不是节点和单元，然后导入这些组件。

如下所示，导入导出构件的完整组比导入选定组件要简单，可以导出导入所选择的组。这需要耐心保持这些文件的路径。

（2）导出完整一组的组件

①选择 **Modeling Phase** 建模阶段，选择 **Component Properties** 模块。

②在窗口底下选择 **Export Components** 和 **All components of all types** 选项。

③点击 **Export**，按说明操作。

必须定义新文件来存放每个导出的完整组。这些文件的扩展名为".PF3CXX"。

（3）导入完整一组的组件

①选择 **Modeling Phase** 建模阶段，选择 **Component Properties** 模块。

②在窗口底下选择 **import Components** 和 **Components of all types** 选项。

③点击 **import**，按说明操作。

必须导入一个完整的带有".PF3CXX"扩展名的文件。通常只在建立新结构模型时，才可能采用导出操作，不能定义任何组件。若定义了当前结构的所有组件，则组件将会被导入的组件覆盖。同时，赋予单元的组件属性，此时也将会变为"NONE"。

（4）导出选择的组件

①选择 **Modeling Phase** 建模阶段，选择 **Component Properties** 模块。

②从组件列表选择想要导出的组件。

③在窗口底下选择 **Export Components** 和 **Components of all types** 选项。

④点击 **Export**，按说明操作。可以导出当前所有单元或者选择的组件。

也可以生成一个新文件或在已存在的文件中加入新的组件。这些的扩展名为".PF3CXX"。根据需要，可以导出不同类型的组件到某个文件中。

（5）导入选择的组件

①选择 **Modeling Phase** 建模阶段，选择 **Component Properties** 模块。

②从构件列表中导入所需导入的组件，包括生成或没有生成的组件类型。

③在窗口底下选择 **Import Components** 和 **All components of all types** 选项。

④点击 **Import**，按说明操作。

可以从该文件或者选择的组件中导入这种类型的所有组件。若已经定义了组件，则确认是否想覆盖这些组件。这个文件包括各种组件。

必须考虑的是，某些组件是依赖于其他组件。例如，塑性铰依赖于截面组件，而纤维截面组件依赖于一种或多种材料组件。如果想要导入的一个组件（组件 A）依赖于另一个组件（组件 B），因此必须先导入组件 B。若组件 B 不存在，则组件 A 也无法导入，同时程序将会弹出警告信息。

3.6　从 SAP2000 导入模型

根据第 2.6 节，建模分析实例所介绍的模型，在 SAP2000 中建立相同模型，如图 3.1 所示。注意，导出之前一定要运行分析。SAP2000 中的导出菜单如图 3.2 所示。点击图中的 **PERFORM3D Structure(3)**，得到图 3.3 所示的窗口。

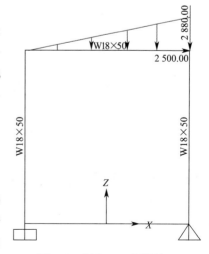

图 3.1　SAP2000 中模型

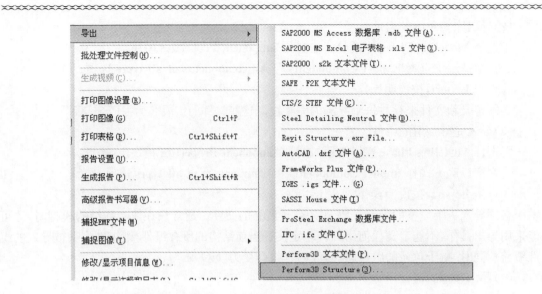

图 3.2 SAP2000 中导出的菜单

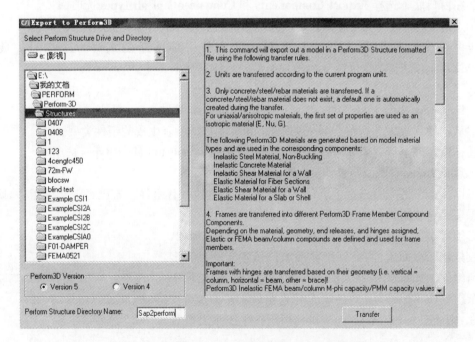

图 3.3 SAP2000 导出 PERFORM-3D 结构模型

　　导出的模型需要命名,命名为 Sap2perform,右边为英文的 SAP2000 导入 PERFORM-3D 的注意事项。导出的文件保存在 PERFORM-3D 默认的工作文件夹下,然后启动 PERFORM-3D,导入后的整体信息如图 3.4 所示。由于模型比较简单,仅考虑静力重力荷载工况分析,所以直接进入分析模块,与第 2.6 节类似,进行分析。分析结果与 SAP2000 对比,模态分析结果吻合较好。

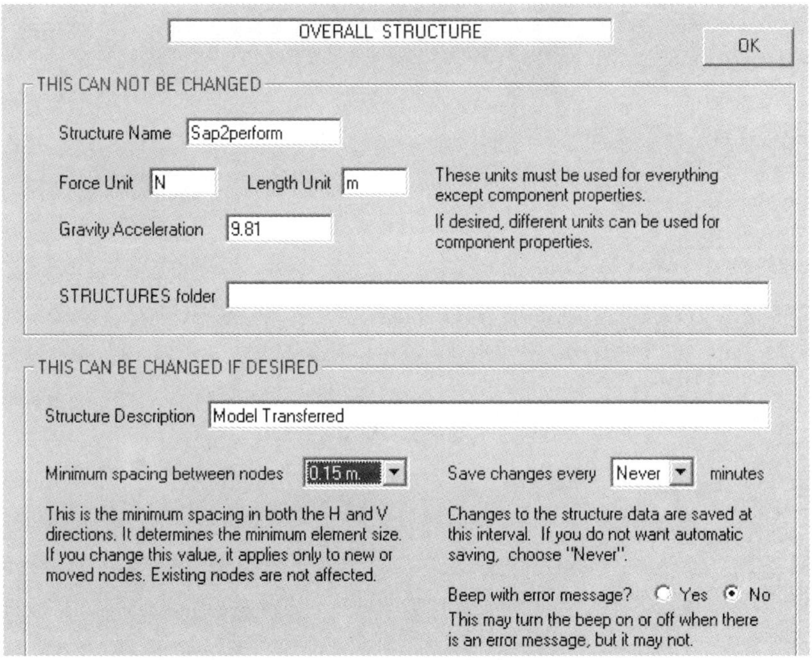

图 3.4　PERFORM-3D 中打开导入的模型整体信息

第 2 篇　建 模 篇

第4章 定义节点和框架

在 PERFORM-3D 中,结构分析模型由连接单元的节点构成。我们可以按任意顺序定义节点和单元,例如先定义部分节点,再定义单元,然后再定义其他节点。第 4.1 节主要介绍了如何定义节点及其相关的数据。

另外,若结构三维模型体形较为复杂,则可以通过只显示选择的框架(FRAME)来简化建模的过程。框架是完整结构的一部分,可能是平面框架、楼面,也可能是结构三维模型的一部分。可以快速定义、修改和删掉框架,再在整个结构和单个框架之间切换结构模型视图。第 4.2 节主要介绍了定义框架的操作。

4.1 定义节点

4.1.1 定义节点的操作

选择 **Modeling phase** 建模阶段,再选择 **Nodes** 模块定义节点,界面窗口左边出现 **Nodes** 模块数据输入栏,如图 4.1 所示。

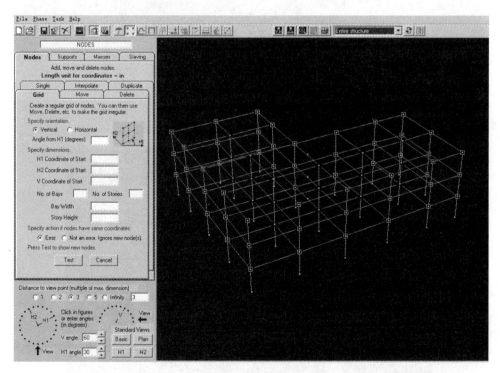

图 4.1 Nodes 模块

三维坐标轴分别为 H1、H2(水平方向)和 V(竖直方向),符合右手坐标系法则。可以通过输入节点的坐标值来定义节点,且不需要给这些节点编号。

为了显示或隐藏结构图形中的节点坐标,可以点击窗口右上方工具栏中的 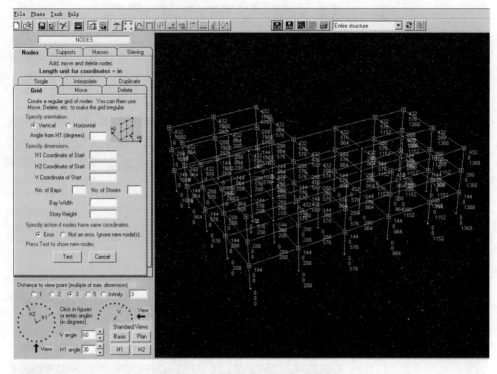 ,显示的每组三个坐标数值从上到下排列,分别对应表示为坐标的 V、H2、H1,如图 4.2 所示。

图 4.2　显示所有节点坐标值

如果显示节点坐标后,坐标数值很拥挤,不便查看某点的坐标时,可右击该节点查看其坐标,如图 4.3 所示。若要隐藏坐标值,可以左击任意地方或右击其他节点。

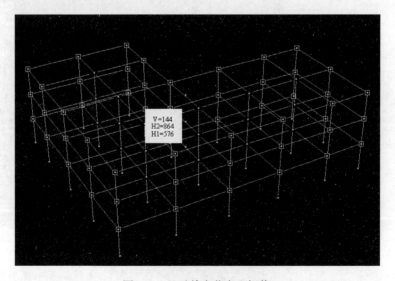

图 4.3　显示单个节点坐标值

　　增加、移动或删除节点,可通过选择数据窗口的 **Nodes** 标签,再选择定义节点的不同方式来实现。可供选择定义节点方式的标签如图 4.4 所示。其中,在 **Single** 标签下可以定义单个节点,在 **Interpolate** 标签下可以插入节点,在 **Duplicate** 标签下可以复制节点,在 **Grid** 标签下可以定义网格节点,在 **Move** 标签下可以移动节点,在 **Delete** 标签下可以删除节点,具体操作将会在下面介绍。

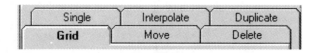

图 4.4　定义节点方式的标签

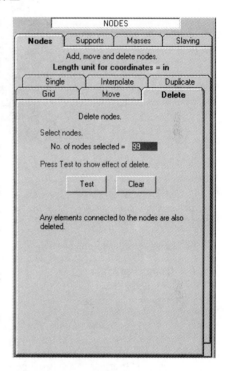

　　定义节点的操作过程中,需要选择结构模型中单个或多个节点,这可以通过以下两种方式实现:

　　(1) 单击图形界面中的节点,选中的节点将会改变颜色。选中的节点变成绿色还是红色,程序根据所选择的方法而定。

　　(2) 单击、按住鼠标左键并拖动围住一个或多个节点形成一个矩形,即窗口框选。注意,这种选择方法在某些情况是不可用的。

　　另外,再次点击选中的节点,便可取消选择。想要清除所有选中的节点,在该节点操作的标签下点击 **Clear**。例如不删除所有选中的节点,则在 **Delete** 标签下点击 **Clear**,如图 4.5 所示。

　　在定义节点的标签下输入了所需数据后,点击 **Test** 预览效果。任意的增加或改变都会显示成黄色。然后,点击 **OK** 完成操作,或点击 **Undo** 取消操作。如图 4.6 所示。

　　定义节点的常用方式如下:

　　(1)选择 **Grid** 标签,定义网格节点。这种方式可以快速定义较多节点,然后使用其他方式来复制网格节

图 4.5　在 Delete 标签下点击 Clear
取消对所有节点的选择

点,这样便能形成结构模型的三维网格;但如果采用这种方式,在结构图形中将会有一大堆杂乱的节点,这时可以使用查看结构平面视图来解决这个问题。在平面视图中,原本显得杂乱的节点图形将会显得清楚。同时,我们也可以通过定义一些框架(见第 4.2 节)来使得模型图形更简洁明了。如果定义了框架,那么可以在框架视图中定义单元,这样更不易出错,因为只显示了框架的节点,在这些节点形成的二维网格中增加单元使得定义单元的操作更加快捷。然后,既可以使用 **Nodes** 模块中的 **Duplicate** 标签来复制这些网点,也可以使用工具栏 **Frames** 模块中的 **Duplicate** 标签来复制这些节点和单元。

　　(2)选择 **Move** 标签,移动单个或多个节点。移动节点的三个选项是平移、倾斜和转动。移动节点的操作只适用于已经定义的节点。

　　(3)选择 **Delete** 标签,删除单个或多个节点。如果已经定义了单元,那么连接节点的单元也将会被删除。

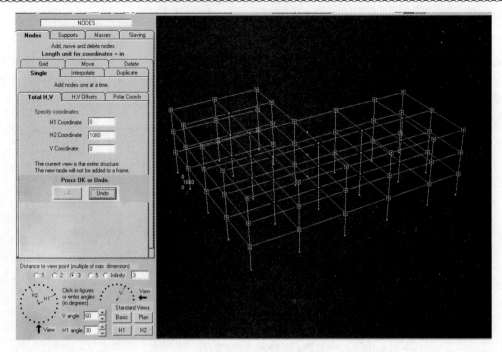

图 4.6　定义节点的预览和取消

（4）选择 **Single** 标签，定义单个节点。定义单个节点的方法有三种，即总体 H、V 坐标，已有节点 H、V 偏移和使用已有节点作为原点的极坐标，如图 4.7 所示。

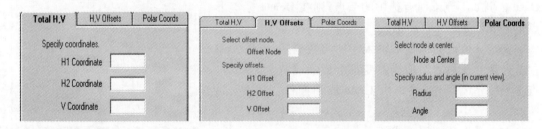

图 4.7　定义单个节点的三种方式

（5）选择 **Interpolate** 标签，沿已有两节点之间的线段上插入单个或多个节点，也可将节点插在线段的延长线上。

（6）复制线或块节点，选择 **Duplicate** 标签。这个操作只用于复制节点，而若复制单元和节点，则需采用 FRAMES 模块下的 Duplicate 标签。

4.1.2　缩放图形

可以通过点击工具条上的 ⊞ 来放大图形。点击 ⊞ 后，框选图形可以局部放大。该功能可以将结构视图放大多倍来更清楚地显示图形。若需要重新返回正常尺寸图形，则可以点击 ⊞ 来缩小图形。

4.1.3　最小节点间距

在 PERFORM-3D 中，不能定义相同坐标的节点。在 **Umbrella** 模块下，可以定义最小节点间距,默认的间距为 6 in 或 15 cm。如果输入了比预先所设定的最小节点间距更小间距的节点,那么程序将会提示出错。**Umbrella** 模块界面如图 4.8 所示。

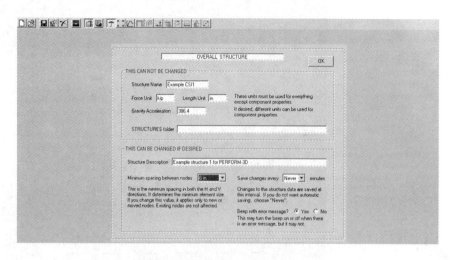

图 4.8 Umbrella 模块界面

可以改变最小节点间距,但它不能为零,也就是说不能定义零长度的单元。如果将最小间距定义得很小,那么程序可能无法区别间距小的节点。

若先定义了节点,再改变最小节点间距,则新的最小间距将会用在任意新的或改动的节点上。

4.1.4 支 座

选择 **Supports** 标签,定义刚性支座(约束)节点,设置支座类型。首先单击选择节点或框选节点,再使用 **Test**、**Clear**、**OK** 和 **Undo** 来完成操作,以实现增加、改变或删除支座。

当在 **Supports** 标签下时,视图界面将会显示支座图形。当在其他标签下时,可以通过工具栏上的 来显示或隐藏支座标志。不需要定义有节点位移的自由端。例如桁架结构,不需要定义转角位移,PERFORM-3D 会自动处理,且在 ECHO 文件中会有警告信息。

4.1.5 质 量

选择 **Masses** 标签,定义质量。对于当前版本的 PERFORM-3D,结构模型所有的质量都只能以节点质量进行定义,而不能以单元质量进行定义。

在 PERFORM-3D 中,可以定义 6 种质量类型,这些类型根据自定义的名称进行区分。例如,若定义了恒荷载和活荷载两种质量类型,则在 **Analysis phase** 分析阶段,可以将这两种质量进行线性组合形成结构分析所需的质量源(例如,按照我国规范,定义质量源=1.0 倍恒荷载+0.5 倍活荷载质量)。更详细的介绍见第 9.1 节。

点击 **New** 定义新的质量,输入质量类型名称,再定义质量,单击选择或框选,使用 **Test**、**Clear**、**OK** 和 **Undo** 完成操作,如图 4.9 所示。

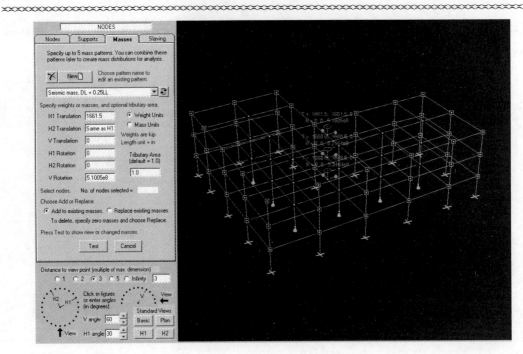

图 4.9　定义节点质量界面

　　改变已定义的质量可以从列表中选择质量名称进行修改相关数据,也可以删除定义的质量。

　　刚性楼板可以按以下两种方法之一来定义楼面质量。

　　(1) 首先计算出楼面的质量中心,在质量中心定义一个节点(在定义刚性楼板约束时,选中它),然后定义这个节点的质量,输入平动质量和楼层在该节点的转动质量(必须定义转动质量)。如果考虑不同质量位置分布,那么此方法是考虑质量引起结构偶然偏心的最好方法。如果定义了这些节点的质量,但这些节点不与结构的单元相连,那么可以移动这些节点来改变质量的位置。

　　(2) 不计算质量中心,而是将楼面质量分配到楼面梁柱相交的节点上,每个节点分担相邻楼面一定附属面积的质量。当定义刚性楼板约束时,PERFORM-3D 会自动计算楼面转动惯量和质量中心,而不需要单独计算这些节点分担附属面积质量所引起的转动惯量,因为大多情况下单个节点所分担附属面积质量引起的转动惯量都很小;但也可以根据实际需要来计算这些节点所分担附属面积质量引起的转动惯量。

4.1.6　刚性楼板约束

1. 概述

　　每个约束构成一个约束组,但每个约束必须包含两个节点。例如,如果结构为三层框架,使用刚性楼板约束,那么需要定义三个约束组,每个楼面或屋面一个约束组。如果沿着 H1 和 H2 坐标轴方向分别有 4 个柱子,那么每个约束组会包含 16 个节点。

　　点击 **New** 定义新的约束,输入约束组名称,选择约束类型。首先单击或框选要包含的节点,然后使用 **Test**、**Clear**、**OK** 和 **Undo** 来完成操作。选择节点的顺序不影响操作,并且也不用区分主要节点和次要节点。

2. 刚性楼板约束

在刚性楼板约束组中,所有的节点必须有相同的 V 坐标(楼面必须水平)。刚性楼板约束使得楼层在 H1 和 H2 坐标轴方向发生平动,关于 V 坐标轴发生转动,但楼层在 V 坐标轴方向的平动和关于 H1、H2 坐标轴的转动都不受影响。

注意,在刚性楼板约束组中,所有的梁单元没有轴向变形,因此如果使用典型的梁单元来模拟梁,那么轴力都会是零。但如果使用纤维截面或者混凝土类型塑性铰的梁模型,梁单元可能会发生轴向伸长,若约束了梁的轴向伸长,则在梁中可能存在压力。刚性楼板约束不能包含有约束 H1 或 H2 坐标轴方向平动的支座节点或约束关于 V 坐标轴转动的支座节点。反过来,不能在刚性楼板约束包含的节点添加 H1 或 H2 坐标轴方向的平动支座或关于 V 坐标轴转动支座。

3. 全刚性连接约束

在刚性连接约束组中,刚性连接被添加在组中所有的节点上。楼层在 H1、H2 和 V 坐标轴方向的平动和转动都会受到影响。若定义了包含楼面节点的刚性连接约束,则楼面轴向和弯曲方向都会是刚性的。

若节点为支座节点,则不能将这些节点添加到刚性连接约束组中。反过来,也不能在刚性连接约束组包含的节点添加支座。

这种约束很少采用。使用时需要注意约束连接是否水平。实际上,约束连接是刚性单元,它们一般有轴向力、弯矩和剪力。这些力是无法计算的。若刚性连接是竖向的或含有竖向构件,并且刚性连接有轴向力,则它会引起显著的 $P\text{-}\Delta$ 效应。这种效应在分析中如果未考虑到,则会产生重大错误。

4. 偏心连接约束

在一些框架结构中,梁与柱偏心相连,如图 4.10 所示。

图 4.11 为较复杂的梁和柱都有偏心的示意图。

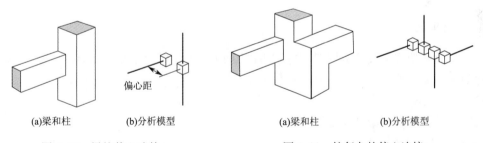

(a)梁和柱 (b)分析模型	(a)梁和柱 (b)分析模型
图 4.10 梁柱偏心连接	图 4.11 较复杂的偏心连接

如果考虑这些类型的偏心,可以按以下三种不同方法建模:

(1)通过定义短的刚性单元连接节点。这种方法需要定义额外的单元和单元属性,所以这种方法不够简便实用。

(2)使用刚性连接约束。节点不属于刚性楼板约束的一部分才能使用该约束。刚性连接约束和刚性楼板约束均约束 H1、H2 坐标轴方向的平动和关于 V 坐标轴的转动。

(3)使用偏心连接约束来约束节点,这种约束是专门为节点是刚性楼面约束的一部分的情况考虑的。偏心连接约束可以约束 V 坐标轴方向的平动和关于 H1、H2 坐标轴的转动。

注意,必须为每种偏心连接定义各自的约束组。

5. 相同位移约束

为了使多个节点(一般只有两个节点)在 H1、H2 和 V 坐标轴方向都有相同的平动位移和转角位移,可以通过定义相同位移约束来实现。

定义相同位移约束时必须细心,否则定义不当,结构会产生虚内力,破坏结构的平衡。如果在两个有相同坐标的节点施加相等的竖向位移,那么将不会引起平衡错误,有两个原因:第一,因为两节点的 H 坐标相同,约束作用在节点的竖向力的均大小相等、方向相反;第二,因为两节点的 V 坐标相同,所以约束中不存在 P-Δ 效应。

在 PERFORM-3D 中,不能定义相同坐标的节点。若有两个相同坐标的点,则需要使用两个节点以很小的间距分开,并且这个间距不得小于所设置的最小节点间距。

4.2　定义框架

4.2.1　显示节点和框架

在 PERFORM-3D 中,结构的分析模型是由节点和单元构成的。结构的节点和单元可以在结构图形界面上显示出来,节点显示为一个很小的方形,单元显示为线性(两节点单元)和四边形(四节点和单节点单元)。单元一般显示为收缩的(也就是说,单元端部或角部与节点之间有缝隙)。在 PERFORM-3D 中,只能显示结构的线框图形,不能显示单元实体。

大型结构的图形会有很多的线单元,为了更好地显示这些单元,可以将单元分组。在结构图形中,当前操作的单元组中的单元显示为亮蓝色来突出显示。

对于相对简单的结构,使用透视视图和染色的图形更加清楚。但对于复杂结构,这样显示则不好。当分析复杂结构时,想要简化显示的图形,最好使用框架模块。框架是整个结构的一部分,既可以是平面框架、楼板,也可以是立面核心筒或结构其他部分。定义框架之后可以单独显示这些框架的构件,可以较快定义、修改和删除框架,可以在整个结构视图与单个框架视图之间进行切换显示。

4.2.2　定义框架

定义新的框架或修改已有框架,选择 **Modeling phase** 建模阶段和 **Frames** 模块。定义框架的步骤如下:

(1)点击 **New**。

(2)输入框架名称,如"Line1",点击 **OK**。

(3)选择 **Add Nodes** 标签。

(4)采用单击或框选的方法在图形界面选择节点添加到框架中。若定义竖向框架,则最好改变平面视图,因为这样可以采用框选选择节点。若定义水平楼面,则最好采用立面视图。

(5)若选中的节点没有问题,则点击 **OK** 将这些节点添加到框架中去。若不选择这些节点,则点击 **Clear** 清除选择。框架中连接节点的任意单元也是框架的一部分,包括以后定义的单元。

(6)重复步骤(4)和(5)直到选择了所需的节点。

从框架中删除节点,选择 **Delete Nodes** 标签,可以返回到前面定义的框架添加或删除节点。删除整个框架,点击在 **New** 前面的(**X**)。

切换整个结构与单个框架视图,可以点击▣(Structure-Frame)。在 **Frames** 模块下,▣和框架表单在数据栏。当退出这个模块后,框架表单和▣在图形界面右上方工具条右端。如

Line 1　　　　　　　　　　，可以从表单中选择框架，然后点击　切换结构和框架视图。

4.2.3　复制框架

若结构含有相似的框架，则可以先定义一个框架然后通过复制来生成更多框架，这样可以节省建模时间。当复制框架时，也复制了框架中的节点和单元（若对节点采用 **Duplicate** 选项，则将只能复制节点）。

对于相同的框架，可以在定义单元之后，赋予单元属性之前复制一个框架。若框架相似，则可以在赋予单元属性之后复制框架。

当复制框架时，可以定义该框架与原框架之间在 H1、H2 和 V 坐标轴方向的距离，即新框架平行于原框架。若定义与原框架有一定夹角的新框架，则必须先生成一个平行于原框架的框架，然后使用 **Nodes** 模块中 **Move** 标签转动新框架。

复制框架，先选择 **Modeling phase** 建模阶段，再选择 **Frames** 模块，然后选择框架表单中的框架。复制框架的步骤如下：

（1）选择 **Duplicate** 标签。

（2）定义复制框架的名称，如"Line2"。

（3）定义当前框架在 H1、H2 和 V 方向平动距离，如 H1＝288、H2＝0、V＝0。

（4）点击 **Test** 来显示新的框架。

（5）点击 **OK** 或 **Undo** 完成操作。

若当前框架中的单元属于单元组，则新框架中相应的单元也属于相同的单元组。

第5章 定义组件属性

单元由组件构成。简单单元,如桁架单元,可能由单个组件组成;而较复杂的单元,如柱单元,则由很多不同组件组成。在指定单元属性时,必须先定义组件的属性,这是非线性建模最复杂的地方,一般会花费大量的时间。本章主要介绍定义组件的基本概念和定义组件属性的操作。

5.1 单元和构件

PERFORM-3D 包含多种单元类型(杆、梁、柱、墙和隔震等)。为了定义这些单元属性,必须先定义一个或多个组件的属性。

组件类型主要有:

(1)材料。包括钢材、混凝土和剪切材料。

(2)截面。包括梁截面、柱截面和墙截面,这些截面属性依赖于材料属性。

(3)基本结构组件。包括杆、塑性铰、梁柱节点、隔震器和其他组件,这些基本结构组件依赖于截面属性或材料属性。

基本组件包括非弹性组件和弹性组件。非弹性组件可以屈服耗能,而弹性组件不能耗能。弹性组件基本呈线性,但也能表现非线性(如 Gap-hook 杆件)。非弹性组件总表现为非线性,比弹性组件复杂。

(4)强度截面。它不是结构组件,主要用来计算梁柱单元内部节点的强度需求能力比。

(5)复合组件。复合组件由很多截面(基本截面或强度截面)组件构成。例如,复合梁组件可能由一个弹性端部区组件、一个塑性铰组件、一个均质截面的弹性段、另一端部塑性铰及端部弹性区构成。塑性铰是具有剪切强度的截面,用来检查剪切强度是否超过限值。

有些单元由复合组件构成,包含框架单元(梁、柱、对角斜撑),以及剪力墙、通用墙、屈曲约束支撑和阻尼杆单元;还有些单元由基本组件构成。

5.2 定义组件的操作

5.2.1 范 围

非线性组件的属性比较复杂,输入组件属性也较难掌握,尽管如此,但不必给所有属性输入具体数值。例如,选择定义理想弹塑性行为而不是较复杂的三折线行为时,可以不必去考虑脆性强度损失;对于高级用户,可以定义最大或最小界限。通常学习掌握定义组件的好办法是,用相对简单的材料属性入门,随着分析的深入,再加入更复杂的属性。

对于新手,在建立完整结构分析模型之前,最好试用组件属性模块。输入组件属性的数据栏包含了很多信息,需要仔细查看。

5.2.2 组件的类型和命名

定义或改变组件属性,选择 **Modeling phase** 建模阶段下的 **Components** 模块。可以选择的组件类型有:**Inelastic**(非弹性基本组件),**Elastic**(弹性基本组件),**Cross Sects**(横截面),**Materials**(弹性或非弹性材料),**Strength Sects**(强度截面)和 **Compound**(复合组件),如图 5.1 所示。

定义每种组件必须指定组件名称(最大 40 字节)。大型结构有很多组件,包括由多种低级组件构成的复合组件。必须定义好各组件名称,以便区分。

管理组件属性的方法见第 5.3 节。

5.2.3 材 料

定义材料步骤和定义基本组件一样,见第 5.2.7 节。

5.2.4 梁柱截面

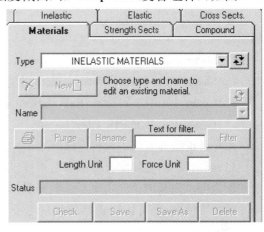

图 5.1 各种组件类型标签

定义梁柱截面的步骤如下:

(1)选择 **Cross Sects** 标签。

(2)从 **Type** 表单中选择截面类型。可以使用截面定义框架复合组件,但必须使用梁截面定义梁的塑性铰组件,柱截面定义柱的塑性铰组件。

(3)点击 **New** 定义新截面。

(4)输入组件名称,选择单位,然后点击 **OK**。规范好名称(如需要可以重命名),注意要选择正确的单位。

(5)选择是否对称(对称或不对称)。

(6)输入截面属性。需要定义截面刚度属性(对于标准截面,程序会自动赋予)。**Inelastic Strength** 标签下的属性可以选择,若定义非弹性基本组件(例如塑性铰)的截面时,则会用到这些属性。**Elastic Strength** 标签下的属性也可以选择,若定义强度截面的截面时,则会用到这些属性。

(7)点击 **Check** 检查数据。若定义的数据有错误,则程序将会提示错误,请注意状态栏的提示。

(8)若数据正确,则点击 **Save** 来保存数据,同时注意状态栏的提示。

(9)若取消修改,则点击 **UnChange**,程序将会恢复上次已存的数据。

检查或改变已有截面,在 **Type** 表单中选择截面类型,在 **Name** 表单中选择截面名称。若改变了,请注意状态栏提示。

可以点击 **Save As** 输入另一名称保存当前截面信息。若几个截面属性相似,则可以先建立截面相同的部分,再使用 **Save As** 保存共同的部分,然后根据需要完成各截面属性的定义。截面属性修改后点击 **Save** 保存。若当前截面属性还未保存,则可以点击 **Delete** 删除当前截面。若定义了新截面但不想完成它,也可以点击 **Delete** 删掉。

删掉保存的截面,可点击(**X**)图标(在 **New** 前面)。若某截面被用在基本组件或框架复合组件中,则无法将其删掉。

点击 **Rename** 可以为截面重命名。

5.2.5　墙的纤维截面

剪力墙和通用墙的截面通常都是纤维截面。以下为四种墙的纤维截面,需要输入的数据都相似。

(1)**Shear wall,inelastic fiber section**(剪力墙,非弹性纤维截面)。

(2)**Shear wall,elastic fiber section**(剪力墙,弹性纤维截面)。

(3)**General wall,inelastic fiber section**(通用墙,非弹性纤维截面)。

(4)**General wall,elastic fiber section**(通用墙,弹性纤维截面)。

每种纤维截面有以下两种定义纤维尺寸的方式:

(1)固定尺寸,必须定义截面中每根纤维的面积和坐标。根据最大和最小纤维坐标可以确定截面宽度。当为墙单元定义纤维截面时,必须使截面宽度与墙单元的宽度保持一致。固定尺寸的纤维截面,既可以考虑墙厚度的变化,也可以考虑截面不同部分配筋面积的变化,如图 5.2所示。

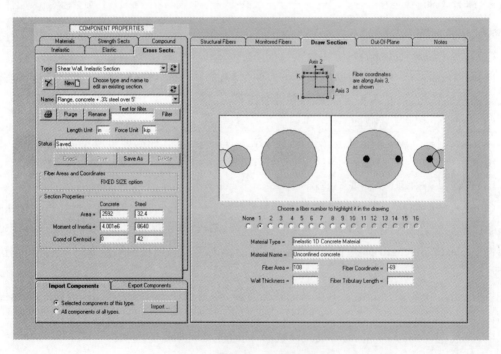

图 5.2　固定尺寸的纤维截面

(2)自动尺寸,必须定义墙厚度和纤维数量。截面宽度不是固定的。当为墙单元定义纤维截面时,PERFORM-3D 会自动使截面宽度和墙单元的宽度一致,自动计算纤维面积和坐标。对于自动尺寸的纤维截面,既不能考虑墙厚度的变化,也不能考虑配筋面积的变化,如图 5.3 所示;但可以使用附加混凝土条带和钢筋单元来考虑墙厚度的变化和配筋面积的变化。

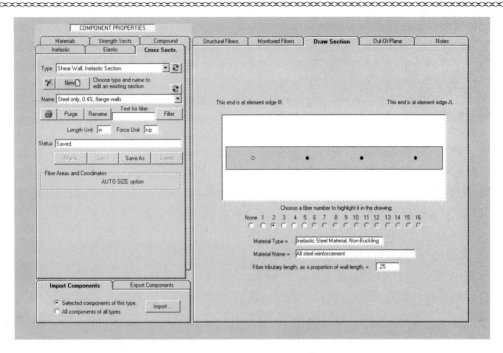

图 5.3　自动尺寸的纤维截面

定义墙的纤维截面步骤如下：

（1）选择 **Cross Sects** 标签。

（2）从 **Type** 表单中选择截面类型。

（3）点击 **New** 定义新截面。

（4）输入组件名称，选择单位，然后点击 **OK**。规范好名称（如需要可以重命名），注意要选择正确的单位。

（5）选择 **Fixed Size** 或 **Auto Size** 选项。

（6）点击 **OK**。

（7）输入结构纤维数据及平面外弯曲属性数据，使用 **Add**、**Insert**、**Replace** 和 **Delete** 来添加或修改纤维数据。

（8）根据需要输入监测纤维数据。若定义了（对于非弹性截面）应变或（对于弹性截面）应力极限状态，那么定义监测纤维是监测应变或应力极限状态的好方法。也可以使用 **Deformation Gage components**（这些是弹性基本组件）来监测墙单元变形。

（9）点击 **Check** 检查数据。若有错误，程序将会提示错误，请注意状态栏的提示。

（10）若数据正确，则点击 **Save** 来保存数据，同时注意状态栏的提示。

（11）若取消修改，则点击 **UnChange**，程序将会恢复上次保存的数据。

5.2.6　框架单元的纤维截面

框架单元可以采用两种纤维截面，即非弹性梁纤维截面和非弹性柱纤维截面。需要输入的纤维截面数据与墙单元相似，主要不同在于：对于柱纤维截面必须定义截面的轴 2 和轴 3 的纤维坐标。

注意，请谨慎使用柱纤维截面。因为柱纤维截面定义大量的纤维将会使计算机消耗大量时间进行分析计算。柱纤维截面主要用于定义类似桥墩柱上，因为桥梁中桥墩柱数量少。建议在有大量柱单元的建筑结构中，尽量不要使用柱纤维截面。若想使用柱纤维截面，应在保证仍然能得出合理分析结果的前提下，建议先分析单个单元实例来确定最小数量纤维。实践表明，并不是定义的纤维数量越多，分析的结果越好。

5.2.7　基本结构组件

定义非弹性或弹性基本框架组件，步骤如下：

(1)选择 **Inelastic** 或 **Elastic** 标签。

(2)从 **Type** 表单选择组件类型。

(3)点击 **New** 定义新组件。

(4)输入组件名称，选择单位，然后点击 **OK**。

(5)选择选项（轴对称，是否组件使用截面，是否有强度损失），之后也可以改变。

(6)输入组件属性数据。若在 **Use Cross Section** 选项下选择了 **Yes**，则必须从表单中选择截面类型和名称。数据框将会显示为绿色，并且不能修改。若定义了截面的屈服强度，则屈服强度的数据框会显示为绿色；若未定义，则数据框会变成白色，必须输入数据，如图 5.4 所示。

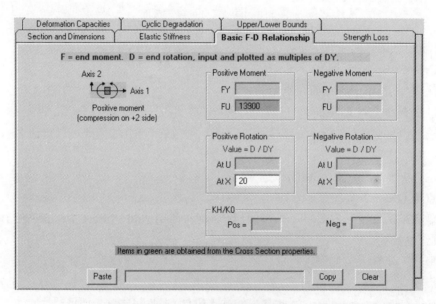

图 5.4　输入组件属性数据

(7)点击 **Check** 检查数据。若数据有错误，则程序会提示。注意状态栏的提示。

(8)若数据正确，则点击 **Save** 来保存数据，同时注意状态栏的提示。在保存了数据之后，可以画出非弹性组件的滞回环，便于检查组件的行为，具体操作见第 5.2.8 节。

(9)若取消修改，则点击 **UnChange**，程序将会恢复上次已存的数据。

5.2.8　绘制滞回曲线

在 PERFORM-3D 中，可以显示力-位移关系曲线，便于检查已定义的组件属性。但它不能反映组件在发生循环变形时的行为。若要较好地反映组件的行为，则要绘制滞回曲线，操作如下：

（1）定义新组件或改变已有组件属性后，点击 **Check** 和 **Save**。若保存了已有组件，则可以逐个显示组件的属性。

（2）点击 **Graph** 绘制力-变形关系曲线。当画出变形关系曲线后，点击 **Plot Loops**。注意，**Plot Loops** 仅当画出力-变形曲线后才会显示。对于某些组件，无法使用 **Graph**。

（3）在变形范围的表格中输入数值，然后检查画出的图形。

（4）点击 **Plot** 绘出滞回曲线。点击 **Print** 打印当前滞回曲线或点击 **Save** 保存滞回曲线数据到 text 文件中，点击 **Close** 关闭图形显示。

5.2.9　强度截面

定义强度截面，与定义结构组件的步骤基本相同。

1. 框架复合组件

框架复合组件被用于定义梁、柱、支撑和框架类型单元。定义框架复合组件的步骤如下：

（1）选择 **Compound** 标签，从 **Type** 表单选择框架复合组件类型，如图 5.5 所示。

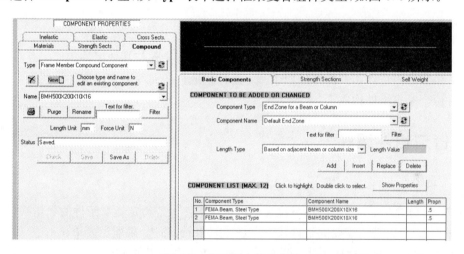

图 5.5　框架复合组件表格

（2）点击 **New** 定义新组件。

（3）复合组件由很多基本组件构成。采用 **COMPONENT TO BE ADDED** 从表单中添加组件，选择长度类型和定义长度值。

（4）点击 **Check** 检查，并通过图形检查数据。在 **COMPONENT LIST** 中，若点击了一个基本组件，则相应的组件在图形窗口会显示为黄色。

（5）若要改变某个组件，则在 **COMPONENT LIST** 中双击它，组件数据会出现在 **COMPONENT TO BE ADDED** 中，点击 **Replace** 编辑属性。

（6）若数据是正确的，则点击 **Save**。

（7）若取消修改，则点击 **UnChange**，程序将会显示上次已存数据。

2. 剪力墙复合组件

剪力墙复合组件和剪力墙单元用来模拟细长的墙或受剪的核心筒。剪力墙的主要受力行为是剪切和竖直轴向弯曲。剪力墙单元也能用在其他结构中，如箱形截面梁。平动方向（一般是水平）假定是第二方向，与梁柱的平动方向相似。

剪力墙单元也能发生平面外弯曲,这被假定为第二模态行为。平面外弯曲假定是弹性的。

定义剪力墙复合组件的步骤与框架复合组件一样,仅表格不同。考虑墙的主要弯曲行为必须选择纤维截面。对于剪切,必须选择剪切材料与定义有效厚度和弹性模量。对于平面外弯曲,则必须定义有效板弯曲厚度和模量。

3. 通用墙复合组件

剪力墙主要行为是轴向受弯(一般是竖向),而通用墙水平和竖向具有一样的非弹性轴向弯曲行为。同样,通用墙单元在两个方向都受剪切作用,即均匀受剪(通用墙中的混凝土受剪切),对角受压行为(对角剪切)。

与剪力墙单元一样,通用墙也可以发生平面外弯曲。它是第二模态行为,并假定是弹性的。

定义通用墙组件的步骤和表格与剪力墙组件相似。但必须选择两个纤维截面,分别为竖向和水平方向的。通过定义材料和厚度来计算混凝土剪切和对角剪切。若忽略其中一种剪切作用,则可以定义零厚度实现。对于平面外受弯,则必须定义有效板弯曲厚度和模量。

4. 黏滞阻尼杆件和屈曲约束支撑复合组件

定义黏滞阻尼杆件和屈曲约束支撑复合组件的所有步骤与其他组件相似。黏滞阻尼杆件复合组件由黏滞阻尼器和弹性杆件两个基本组件组成。屈曲约束支撑组件由屈服支撑组件和弹性杆件两个基本组件构成。

5.3 管理组件属性

5.3.1 筛选组件

在 PERFORM-3D 中,可以在下拉表单中选择组件。若给定类型组件的数量很多,下拉表单将会很长,则可以搜索需要的组件,还可以使用 **Filter**(筛选)来缩短表单。

在 **Component Properties** 模块,图 5.6 显示了表单名称下的 **Filter** 选项。

图 5.6　清除、重命名和筛选

筛选组件名称表单,在 **Text for filter** 框中输入字符,然后点击 **Filter**。只有包含这个字符的组件名称才会被列出。字符需要区分大小写。

为了更有效地使用筛选功能,必须定义合适的组件名称。根据需要,点击 **Rename** 来修改组件名称。

5.3.2 清除组件

组件名称表单中可能含有没有用到的更高级组件(例如复合组件)。为了清除没有用到的组件,点击 **Purge**。

5.3.3 使用截面强度

如果基本组件属性使用了截面组件,则最好定义截面的强度数据。定义非弹性组件时将会用到截面的基本强度;若改变截面强度,那么非弹性组件强度也会改变。

5.3.4 Copy-Paste

在 **Component Properties** 模块,大部分组件属性标签都有 **Copy** 和 **Paste**,如图 5.7 所示。

图 5.7　复制和粘贴

Copy 和 **Paste** 可以用来从一个组件复制属性到另一个组件,操作如下:

(1)定义组件属性,找到标签下的 **Copy** 和 **Paste**。

(2)点击 **Copy**,组件的名称将会显示在框内,显示这个属性可以被复制。

(3)选择相同类型的另一个组件,然后找到相同的标签下,点击 **Paste**。被复制组件的所有属性将会被粘贴到当前组件中。

Copy 和 **Paste** 功能的主要缺陷是当前组件的所有属性将会全部被复制,而不能只复制选择的属性。

5.4　打印报告

点击 **printer** 打印组件的报告。在当前版本的 PERFORM-3D 中,只能打印当前组件的属性。若想打印所有组件的属性,则必须每次打印一个。组件属性记录在 ECHO 文件中。

5.5　F-D 关系曲线

5.5.1　力和变形

每种材料和基本结构组件都有一种或多种力和相应变形的关系曲线。例如,简单材料的力是应力,变形是应变。而对于塑性铰,力是弯矩,变形是塑性铰的转角。力和相应变形的关系曲线就是 *F-D* 关系曲线。

本节主要介绍非弹性组件的非线性 *F-D* 关系曲线以及在 PERFORM-3D 中定义 *F-D* 关系曲线的操作。

5.5.2　实际构件分析模型

对于真实结构中的构件,影响其行为的大部分因素是不确定的。在大多情况下,最好能把握那些对分析结果有显著影响的非线性行为。一般地,若组件非线性行为的较小差异对分析结果产生了较大的影响,则结构的设计就过于灵敏了,而且也很难得到可用于设计的分析结果。因此简化结构模型是十分重要的。结构设计是一项复杂的工作,但若简化了分析模型,则分析将变得不再复杂。

5.5.3　PERFORM-3D 中的 *F-D* 关系曲线

在 PERFORM-3D 中,大部分非弹性组件都有相同的 *F-D* 关系曲线样式。有强度损失选项的三折线关系曲线如图 5.8 所示。

图中关键点如下:

(1)*Y* 点,第一屈服点,即有效非线性行为开始的点。

(2)*U* 点,极限强度点,即达到最大强度的点。

(3)*L* 点,延性极限点,即有明显强度损失开始的点。

(4)*R* 点,残余强度点,即达到最小残余强度的点。

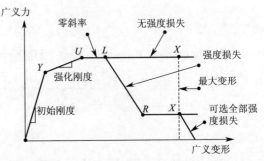

图 5.8　*F-D* 关系曲线

(5)*X* 点,最大变形的点,这点后面没有点可以继续分析。在这点之前,可以继续分析,但如果组件变形超过了 *X* 点,程序将会停止分析。对于某些组件,可以定义在 *X* 点强度减小到零,但分析不会停止。对于大部分组件,正向和负向变形可以有不同的关系曲线。

1.无刚度退化的滞回环

如图 5.9 和图 5.10 所示为 PERFORM-3D 中无刚度退化的滞回环,其中,理想弹塑性行为的滞回环如图 5.9 所示,*U* 点后变形呈三折线的滞回环如图 5.10 所示。

2.能量和刚度退化

若考虑能量退化(即组件属性考虑能量退化因素),则 PERFORM-3D 调整卸载和再加载的刚度来

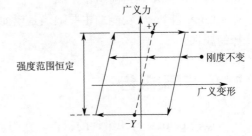

图 5.9　理想弹塑性行为无刚度退化的滞回环

减小滞回环所围面积。这种方法对于理想弹塑性情况很简单,但对三折线情况就比较复杂。

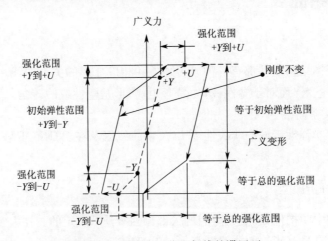

图 5.10　无刚度退化三折线的滞回环

3.理想弹塑性退化滞回环

有刚度退化理想弹塑性情况的滞回环如图 5.11 所示。

PERFORM-3D 采用了以下几种方法来确定滞回环曲线。

(1)滞回环曲线是组件属性的一部分,根据组件最大变形和相应能量退化系数确定。能量退化系数由有刚度退化滞回环的面积除以无刚度退化滞回环的面积得到。

(2)对于组件当前状态,定义组件的最大正负变形。在分析中当前的最大变形不一定是循环变形时的极值。

(3)用 e_{pos} 和 e_{neg} 分别表示正负能量退化系数。

(4)退化系数最小值用 e_{min} 表示,最大值用 e_{max} 表示。

(5)总的来说,滞回环的能量退化系数 $e = we_{min} + (1-w)e_{max}$,其中 w 表示权重因数。在当前版本的 PERFORM-3D 中,w 为 1.0(退化量是由 e_{min} 决定的。将来的版本或许容许用户自行定义 w 的值)。

(6)计算得到的退化卸载和再加载刚度,使得有刚度退化滞回环面积等于无刚度退化滞回环面积的 e 倍。

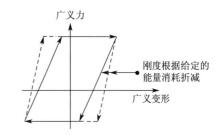

图 5.11　有刚度退化理想弹塑性滞回环

4.三折线情况有刚度退化的滞回环

图 5.12 和图 5.13 均为有刚度退化三折线的滞回环。

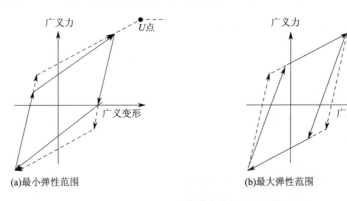

(a)最小弹性范围　　　　　　(b)最大弹性范围

图 5.12　极限荷载之前的极端情况

图 5.12 为正负变形均比 U 点变形小的情况。能量退化系数 e 按照理想弹塑性情况计算。之后计算出的退化弹性和强化刚度,使得有刚度退化滞回环面积等于无刚度退化滞回环面积的 e 倍。

图 5.12 显示了退化滞回环的两种极限形状。一种极限形状,弹性刚度等于无退化弹性刚度值,给出了最小弹性范围和最大应变强化范围。另一种极限形状,强化刚度等于退化刚度值,给出了最大弹性范围和最小应变强化范围。

在 PERFORM-3D 中,可以用卸载刚度系数来控制弹性范围。图 5.12(a)显示了卸载刚度系数等于 1.0 时的形状,此种情况卸载刚度最大,弹性范围最小。图 5.12(b)显示了卸载刚度系数等于 -1.0 时的形状,此种情况卸载刚度最小,弹性范围最大。程序默认的值为这两种极端情况之间的值。

图 5.13 给出了正负变形都比极限点变形大的情况,这种情况综合考虑了图 5.11 和图 5.12 的情况。

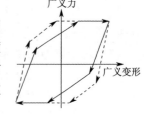

图 5.13　极限荷载之后的情况

5.5.4 其他情况

1. 混凝土材料

受压混凝土纤维的 PERFORM-3D 滞回环模型如图 5.14 所示。卸载刚度总等于初始弹性刚度。该模型通过改变再加载刚度来控制能量退化。

若能量退化系数取值为 1.0，则再加载曲线如图 5.14(a) 所示，此种情况耗能最大。若能量退化系数小于 1.0，则再加载曲线如图 5.14(b) 所示。若能量退化系数等于 0，则卸载和再加载曲线相同，且无能量消耗。

可以定义更小或者为 0 的受拉强度。若定义了较小的强度值，则卸载和再加载曲线如图 5.15 所示，并无循环耗能。

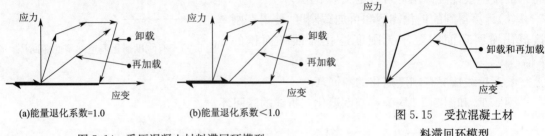

(a) 能量退化系数=1.0   (b) 能量退化系数<1.0   图 5.15　受拉混凝土材料滞回环模型

图 5.14　受压混凝土材料滞回环模型

在 PERFORM-3D 中，假定混凝土受拉和受压是相互独立的。因此，受压压碎并不影响后期的受拉行为，同样，受拉裂缝并不影响后期受压行为。

2. 仅受拉的材料

仅受拉的材料本质上与混凝土材料相同，只是将受拉和受压相颠倒。

3. 屈曲材料

屈服钢材轴向应力-应变的滞回环如图 5.16 所示。这种材料可以用于钢梁、钢节点和钢支撑组件以及简单杆件单元中，也可以用于梁柱纤维截面。

图 5.16 中，虚线显示了基本应力-应变关系。实线 $0-1-2-A-B-3$ 为三种情况的滞回环：①受拉屈服；②受压屈曲；③受拉再加载。

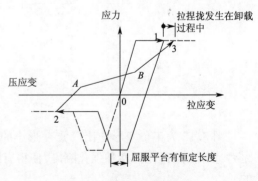

图 5.16　屈曲材料滞回环

屈曲材料具有如下特点：

(1) $F\text{-}D$ 关系曲线大致有 $YULRX$ 形状，但屈曲材料目前只能考虑理想弹塑性行为，其受压强度损失是必须考虑的，而受拉强度损失则可选择性考虑。

(2) 对于典型的非弹性组件，L 点处的变形是固定的。因此，当组件循环加载发生非弹性变形时，Y 和 L 点之间的水平段会变长。在屈曲材料中这个水平段有个稳定的长度。循环加载状态下 L 点将会移动。

(3) 材料受压屈曲，受拉再加载，再加载曲线分成三部分，由图 5.16 中的 A 点和 B 点控制。这些点的坐标与卸载和再加载点有关，并控制再加载曲线的形状，所以必须定义这些点的坐标。

（4）杆件受压屈曲，受拉再加载，长度将有变长的趋势。因为杆件屈曲后轴向压力会很小，所以轴力弯矩相互影响不明显，而非弹性变形主要是弯曲。然而，再加载时拉力变大，轴力弯矩相互影响显著，而反向的弯曲屈服和轴向拉伸将会同时发生。因此可以通过改变材料的"伸长系数"来定义"拉伸"的总量。

当定义材料属性时，最好使用组件属性模块中的绘制滞回环功能来绘制组件特性的滞回环曲线，以检查滞回环是否达到了预期的形状。

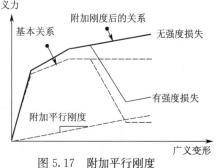

图 5.17　附加平行刚度

5.5.5　附加平行刚度

一些组件即使没有达到极限强度，也能继续应变强化。PERFORM-3D 允许用户通过定义附加平行刚度来定义这类组件，如图 5.17 所示。

注意，平行刚度附加给 F-D 关系曲线的所有段，包括初始弹性刚度，因此必须调整初始刚度和强度来考虑附加平行刚度对 F-D 关系曲线的影响。

5.6　强度损失

5.6.1　概　　述

在结构组件中，引起"脆性"强度损失的因素很多，包括拉伸断裂、混凝土压碎、混凝土剪切破坏和屈服。当组件强度损失后，失去的强度重新分布到相邻的组件上，引起的行为是复杂的。组件行为对于荷载和组件属性的小改动也很敏感。

在 PERFORM-3D 中，强度损失是可选的。一般规定，如有必要，则应该对其进行定义。

一般地，不允许非弹性组件在 L 点之后变形（变形能力一般都比 L 点的变形小）。例如，FEMA 356 规程一般允许某些次要构件在防止倒塌性能水准下才在 L 点之后发生变形。因此，达到 L 点之后将发生什么值得研究，因为该处无法继续计算。其他情况，参见第 5.8 节。

FEMA 356 中的 Q-Δ 关系曲线和 PERFORM-3D 中的 F-D 关系曲线如图 5.18 所示。

图 5.18(a) 中，在 C 点会出现强度突然损失，在 E 点是总的强度损失。图 5.18(b) 中，在 L 点强度开始损失，并且是逐渐损失。因为真实构件强度损失是逐渐发生的一样，故强度损失突然发生是不符合实际情况的。一般地，应该避免定义突然强度损失。

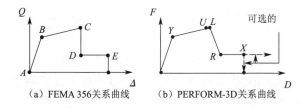

（a）FEMA 356关系曲线　　（b）PERFORM-3D关系曲线

图 5.18　FEMA 356 和 PERFORM-3D 中的力-变形关系曲线

对于图 5.18(a) 中 FEMA 356 的力-变形关系曲线，E 点发生最终的强度损失；而对于图 5.18(b) 中 PERFORM-3D 的 F-D 关系曲线，在 X 点发生最终的强度损失，且是可选的。

5.6.2 X 点最终强度损失

对应图 5.18(a)中的 E 点,图 5.18(b)中 PERFORM-3D 的 F-D 关系曲线没有自动的强度损失。对于图 5.18(b)中 PERFORM-3D 的 F-D 关系曲线,一般在 X 点处定义较大的变形,当组件发生超过 X 点的严重变形后分析将会停止。因此,对于某些组件,在 X 点处有选项可以定义强度为零,但仅限于以下组件:

(1)FEMA 梁,钢和混凝土。

(2)弯矩铰。

(3)无屈曲非弹性钢材料。

(4)非弹性剪切材料。

对于 FEMA 梁和弯矩铰组件,组件的弯矩强度在 X 点减小为 0,但剪切强度不受影响。对于这类组件,最终强度损失的影响与插入弯矩释放一样。

若在非弹性剪切材料中使用这个选项(在墙单元),即剪切强度和刚度在 X 点减小到零。定义总强度损失的操作如下:

选择组件类型,然后点击 **Strength Loss** 标签。如果对于该组件类型,总强度损失选项可用,将会有 **Total Strength Loss at Point X** 框。为得到总强度损失,选择"**Yes**"选项。

若在 X 点定义总的强度损失,且组件有附加平行刚度(图 5.17),则强度损失没有真正减小到零。

5.6.3 强度损失的相互影响

如图 5.19 所示,超过 L 点变形的滞回环,有强度损失而无刚度退化,显示了强度损失的相互影响。

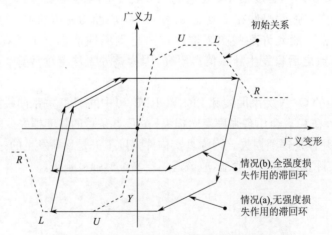

图 5.19　强度损失后刚度退化滞回环

组件在某一方向有强度损失,但在另一方向的强度可能不受影响。例如,混凝土梁因混凝土被压碎而发生负向弯曲强度损失,但正向弯曲强度可能不受影响。对于其他组件,如组件受拉,最好假设受压强度也减小。

可以通过定义强度损失相互影响系数来考虑强度损失的相互影响。0 值表示在一个方向的强度损失不影响相反方向的强度损失。1 值表示一个方向的强度损失会引起相反方向相同量的强度损失(如果正向和负向强度损失不同,在一个方向的强度损失会引起另一个方向相同比例的强度损失)。0.5 值表示一个方向的强度损失会引起另一方向一半的强度损失(或者相应一半比例的强度损失)。

定义强度损失相互影响因素的操作如下:

选择组件类型,然后点击 **Strength Loss** 标签。若对于该组件类型需要考虑强度损失的相互影响,界面将会显示 **Strength Loss Interaction** 框。在这个框中输入数值,默认值为零。

想要检查强度损失相互影响系数是否正确,最好画出滞回环曲线。

5.7 强度损失警告

5.7.1 并联组件

由弹性组件和有强度损失可屈服组件并联的简单结构如图 5.20(a) 所示。该结构的荷载-位移关系曲线如图 5.20(b)所示。

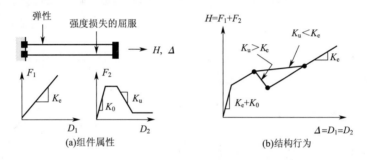

图 5.20 并联情况强度损失的影响

图 5.20 中,结构行为分析如下:

(1)若强度损失是逐渐的,则刚度 K_u 在数值上会小于弹性刚度 K_e,结构的荷载-位移关系曲线将会单调上升。

(2)若 K_u 在数值上大于弹性刚度 K_e,则结构的强度降低。若 K_u 无穷大,则组件的强度突然损失,结构强度也会突然丧失。

5.7.2 串联组件

对于图 5.20 中的并联组件,当屈服组件损失强度时,荷载将会传递到弹性组件上。由两组件串联的结构如图 5.21 所示。

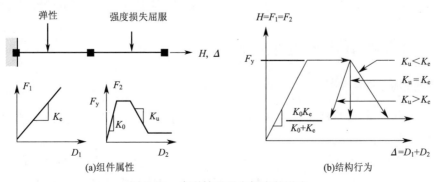

图 5.21 串联情况强度损失的影响

串联组件中,当可屈服组件损失强度时,结构荷载-位移关系曲线单调下降。若 K_u 在数值上大于弹性刚度 K_e,则荷载-位移曲线将会反向,如图 5.21(b)所示。若强度损失是瞬时的,则 K_u 无穷大,而荷载-位移曲线也将反向且刚度等于 K_e。

5.7.3　分析方法的影响

结构的非线性分析模型总有多种串联和并联的组合行为。经验证明,无论动力还是静力行为,PERFORM-3D 都能得到可信的结果。但静力分析要比动力分析敏感,因为瞬间强度损失需要惯性力和阻尼力来平衡。

若荷载-位移曲线反向,如图 5.21(b)所示,当 $K_u > K_e$ 时,结构行为将会十分灵敏。对此,PERFORM-3D 通常会有一些解决办法。若结构行为一直如此,则分析可能因无法收敛而停止。

若荷载-位移曲线反向,一般情况下是局部的而非整体的。这就是在 Pushover 分析中最好使用多重“控制侧移”的原因。若采用单一的侧移控制,则变形将会较大,荷载和侧移的关系曲线将会发生反向。若采用多重控制侧移,即使局部反向了,但整体不可能发生严重侧移。

突发强度损失由于在实际结构中很少发生,一般最好尽量避免。如图 5.22 所示的连续强度损失是可以选择的,也就是 R 点的强度等于 0.001 倍的 U 点强度。

5.7.4　复合组件的铰强度损失

尽管完整的结构一般都由并联和串联组件构成,但在 PERFORM-3D 定义复合组件时,可以有单元纯粹的串联行为。

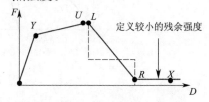

图 5.22　瞬时强度损失的建议自动处理

若框架复合组件是弹性梁段和有强度损失的塑性铰组件构成,铰和梁段是串联行为,其弯矩-转角关系曲线会反向,如图 5.21(b)所示。当使用 FEMA 梁或 FEMA 柱组件时不会发生这种情况,因为每种 FEMA 组件会自动分成刚塑性组件和弹性梁组件,铰的 K_u 在数值上小于梁的 K_u。但若直接使用塑性铰组件而不是 FEMA 组件,则必须定义铰的 K_u 值。若 K_u 值太大,则梁的弯矩-转角关系曲线会反向,所以应该选择铰的 K_u 合理值使得这种情况不会发生[铰的 K_u 值应该在数值上小于(梁的)$6EI/L$]。

当 K_u 值过大,梁的弯矩-转角关系曲线改变方向时,PERFORM-3D 通常会有相应的处理办法。但若持续这种情况,则分析将会因不收敛而停止,且能量平衡误差也会变大。

5.8　轴力作用下柱子屈服极限

5.8.1　建模影响

若柱承受较大轴力,并且非弹性循环加载,则它的屈服极限将会比在较小轴力作用时要小,如图 5.23 所示。

钢柱端部弯矩 M 和转角 θ 的关系如图 5.23(a)所示。P-M 相互作用面和两个压力 P_L、P_U 如图 5.23(b)所示。图 5.23(c)为带有屈服极限点强度损失的理想弹塑性弯矩-转角关系曲线。P_U 的屈服弯矩比 P_L 的小,因为柱在较大压力作用下不易屈服。

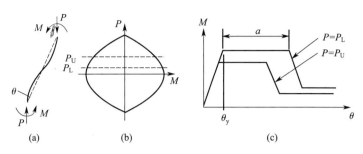

图 5.23　轴向力对屈服极限的影响

若柱子的变形能力比屈服极限小,则不必考虑强度损失,因为当柱有强度损失时,柱子的变形需求能力比大于 1,所以将不能满足性能需求。因此,FEMA 356 第 3.4.3.2.1 节写道:

"主要和次要组件的要求应该在规范限定的对次要组件可接受的结构性能水平范围。"

FEMA 356 第 3.4.3.2.1 节用在非线性静力分析过程(NSP)中,组件的变形需求能力比是用来评估在需求位移下(目标位移)组件的变形。

FEMA 356 对第 3.4.3.2.1 节内容评论道:

"若所有组件是用全骨架曲线模拟的,则使用非线性静力分析来评估当它们退化到残余强度时所有组件在结构抗侧力时所做的贡献。当用非线性静力分析来评估这种退化时,依赖组件抵抗侧力使得次要组件达到反应极限。"

一些工程师认为,次要构件的变形能力(规范接受的)可用于钢柱,且大于主要构件的变形能力,也大于屈服强度对应的变形。若使用这些能力,钢柱将会超过屈服极限变形,因此在分析中应该考虑强度损失,包括轴力对屈服极限的影响。

5.8.2　FEMA 356 需求

FEMA 356 表 5-6 给出了塑性转动的值 a,如图 5.23(c)所示。FEMA 356 相关章节中的方程如下:

当 $P/P_{CL}<0.20$ 时

$$a=9\theta_y \tag{5.1a}$$

当 $0.20<P/P_{CL}<0.50$ 时

$$a=11\left(1-1.7\frac{P}{P_{CL}}\right)\theta_y \tag{5.1b}$$

式中,P 为轴向压力;P_{CL} 为柱子的受压强度;θ_y 为屈服转角,由式(5.2)给出。

$$\theta_y=ZF_y\frac{L}{6EI}\left(1-\frac{P}{AF_y}\right)=\theta_{y0}\left(1-\frac{P}{AF_y}\right) \tag{5.2}$$

式中,F_y 为材料屈服应力;Z 为塑性截面惯量;A 为截面面积;E 为弹性模量;I 为截面惯性矩;L 为长度;θ_{y0} 为 $P=0$ 时的屈服转角。

以上公式应注意如下几点:

(1)在式(5.1b)中轴向压力 P,由于考虑长细比的影响,因此是构件的属性,而式(5.2)轴向强度 AF_y,只是截面的属性。

(2)由式(5.1)和式(5.2)可知,屈服极限点的转角因轴向压力而不同,如图 5.24(a)所示。

图中屈服极限转角可按以下公式近似计算（假设 $P_{CL} \approx AF_y$）。

$$\theta_0 = 9\theta_{y0} \tag{5.3a}$$

$$\theta_1 = 9\theta_{y0}\left(1 - \frac{0.2P_{CL}}{AF_y}\right) \approx 7.2\theta_{y0} \tag{5.3b}$$

$$\theta_2 = 11\theta_{y0}\left(1 - \frac{0.2P_{CL}}{AF_y}\right)\left(1 - 1.7\frac{0.2P_{CL}}{P_{CL}}\right) \approx 5.8\theta_{y0} \tag{5.3c}$$

$$\theta_3 = 11\theta_{y0}\left(1 - \frac{0.5P_{CL}}{AF_y}\right)\left(1 - 1.7\frac{0.5P_{CL}}{P_{CL}}\right) \approx 0.8\theta_{y0} \tag{5.3d}$$

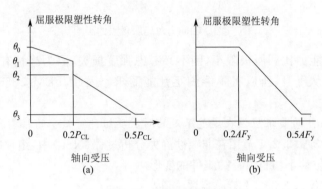

图 5.24　屈服极限转角

如图 5.24(b)所示，这种简化不会影响计算精度。在分析中通过考虑 P-Δ 效应来考虑有效长度的影响，图中屈服极限转角的减小根据 AF_y 而不是 P_{CL}。同时，所有转角是多种零轴力的屈服转角，其为常数，并且屈服转角不因轴力的不同而不同。

如图 5.24(b)所示，PERFORM-3D 允许屈服极限不同。若使用规范 FEMA 356，则曲线图形接近图 5.24(a)。

注意，规范 FEMA 356 中柱的转角能力公式与上面相同。PERFORM-3D 允许转角因轴力不同，但要使用简化形式。

5.8.3　PERFORM-3D 不同屈服极限的应用

在 PERFORM-3D 中，可以考虑轴力对屈服极限的影响只有如下几种：

(1)FEMA 钢柱。

(2)PMM 钢转角铰。

(3)PMM 钢曲率铰。

在 PERFORM-3D 中，FEMA 356 等效转角"a"就是在屈服极限 L 点的转角 DL。FEMA 柱组件和 PMM 铰组件的不同之处如下：

(1)对于 FEMA 柱，钢材类组件变形是总端部转角，等于屈服转角的倍数，即 $DL = 1 + a/\theta_y$。

(2)对于 PMM 铰，钢材转角类组件变形是铰塑性转角，即 $DL = a$。

(3)对于 PMM 铰，钢材曲率类组件变形是总曲率，即 $DL = \psi_y + a$。

$$\psi_y = \frac{ZF_y}{EI}\left(1 - \frac{P}{AF_y}\right) \tag{5.4}$$

在进行静力或动力分析中，每步都可监测组件的转角和轴力。根据轴力计算屈服极限转角。若转角需求超过了 DL，则达到了屈服极限，组件强度就开始损失。在这点之后，转角 DL

保持恒定值,轴力监测也会停止。

5.8.4 操作过程

定义组件属性的过程与 FEMA 柱、钢材类组件和 PMM 铰、钢材类组件相同。

在 **Strength Loss** 标签下,有定义强度损失需求选项是否依赖于轴向压力。若选择"**No**"选项,则强度损失选项将被锁定,只能定义一组属性。若选择"**Yes**",则必须定义两组属性,一组是轴向压力上限 P_U,另一组是轴向压力下限 P_L。一般地,P_U 为 $0.5P_{CL}$(或简化为 $0.5AF_y$),P_L 为 $0.2P_{CL}$(或 $0.2AF_y$)。对于 P_U 和 P_L 之间的轴力,PERFORM-3D 会自动线性插值。

5.9 变形和强度能力

PERFORM-3D 只是一款非线性分析和基于性能结构设计的工具。在使用基于性能的能力设计时,必须定义非弹性组件的变形能力或弹性组件的强度能力。可以通过定义极限状态来使用这些能力,然后分析得出需求能力比(或极限状态使用比)。

5.9.1 需求和能力

通过比较需求和能力,工程师可以更好地进行结构设计决策。为了比较需求和能力,需要得到需求/能力衡量(或者工程需求参数)、需求值和能力值。

需求能力衡量可能被归类于变形衡量(如塑性铰)和强度衡量(如弯矩)。强度衡量使用了很多年,并形成了获得需求(通常是线性结构分析)和能力(通常是设计规范中的公式)的方法。

一些变形衡量,比如侧移和挠度,也使用了很多年。尽管如此,工程师仍然对变形衡量的选取缺乏经验,例如塑性铰的转角。在需求方面,想获取塑性铰需求,则必须进行非线性结构分析。基于位移设计来计算变形需求比是很复杂的,相比传统的基于强度设计方法来计算强度需求能力比,需要工程师作出更多判断。

PERFORM-3D 可以高效地计算考虑位移和强度的需求能力比,这样可以大幅度地节约工程师做决策的时间。

5.9.2 变形能力

若组件发生弹塑性行为,则结构行为可以由延性控制而非强度控制。在 PERFORM-3D 中的所有非弹性组件,需要定义变形能力有 5 个性能水准。但一般仅使用三个水准:水准 1 对应 **Immediate Occupancy**(临时居住),水准 2 对应 **Life Safety**(生命安全),水准 3 对应 **Collapse Prevention**(防止倒塌)。

大多数组件有恒定的变形能力,但有些组件的变形能力相互影响。例如,在钢筋混凝土梁中,较大的剪力会使得弯曲延性变小。因此,定义如剪切铰功能的塑性铰组件的转角能力是必要的。对于大多数组件,定义组件变形能力时,可以定义变形能力的相互影响系数。

5.9.3 侧移能力

若为组件定义变形能力,则可以得到结构变形分布的详细信息。因此,为了找出结构的关键环节,需要定义大量的需求能力比。但也可以通过考虑结构侧移(不是单元的变形)来保证结构的性能,可以定义一个或多个侧移,并定义侧移能力(在 **Drifts and Deflections** 模块定义侧移,在 **Limit States** 模块定义侧移能力)。大多情况下,将会使用侧移和组件变形来衡量需求能力。

5.9.4　强度能力

若组件基本保持弹性,则组件行为由强度控制。若强度需求超过了强度能力,则组件不再基本保持弹性。

对于大部分弹性组件,可以定义其强度能力,并可以计算这些组件单元的强度需求能力比。但操作与定义框架复合组件不同。对于弹性组件,强度使用强度截面组件来监测。对于框架复合组件,梁单元可以沿着单元定义一些受弯或者受剪的强度截面。例如,假定在梁与柱连接处形成塑性铰,梁受剪仍然保持弹性。而仅非弹性结构构件才需要定义塑性铰组件,故在梁与柱子连接处定义剪切强度截面,在梁跨中定义一个或多个受弯强度截面。若强度截面的强度需求能力比小于1,则假定梁的行为是正确的;若强度需求能力比大于1,则梁在梁端发生剪切破坏或在跨中形成弯矩铰。

强度能力与变形能力一样,可以定义5个性能水准。对于强度能力值,可以将强度折减系数应用到名义强度中(传统设计中的 φ 系数)或考虑延性系数(FEMA 356 中的 m 参数)。一般地,先定义名义强度,然后定义对应不同性能水准的5个系数。

5.9.5　极限状态和使用比概述

若结构体型庞大,则需要定义大量的组件能力和需求能力比,而使用极限状态则可以很好地管理这些需求能力比。

例如,若定义了结构的侧移、三个水准的塑性铰转角能力和对应性能水准的一些考虑剪切能力的剪切强度截面,则可以对该结构定义如下极限状态:

(1) 考虑所有侧移,临时居住(IO)的侧移极限状态。

(2) 考虑所有侧移,生命安全(LS)的侧移极限状态。

(3) 考虑所有侧移,防止倒塌(CP)的侧移极限状态。

(4) 考虑所有的梁,并使用水准1变形能力,IO 铰转动极限状态。

(5) 考虑所有的梁,并使用水准2变形能力,LS 铰转动极限状态。

(6) 考虑所有的梁,并使用水准3变形能力,CP 铰转动极限状态。

(7) 考虑所有的柱,并使用水准1变形能力,IO 铰转动极限状态。

(8) 考虑所有的柱,并使用水准2变形能力,LS 铰转动极限状态。

(9) 考虑所有的柱,并使用水准3变形能力,CP 铰转动极限状态。

(10) 考虑所有梁,剪切强度极限状态。

对于每次结构分析,PERFORM-3D 都会计算需求能力比,并通过极限使用比来评估结构性能。例如,以上极限状态(4),PERFORM-3D 会计算所有梁中塑性铰的需求能力比,保存每步分析的最大值。这个最大值就是极限状态使用比。

定义极限状态和使用比的详细介绍参见第 7.4 节。

5.9.6　最大需求能力比的注意事项

在 PERFORM-3D 中,每个需求能力比最大可以定义为 30。超过了 30,仍为 30。若不能准确定义变形或强度能力,则可以尝试输入任意值,看看结果如何。若定义了很小的值,则可能会超过 30 的极限而无法得到对结构设计决策有用的信息。为了避免不真实的需求能力比,应该定义合理的变形和强度能力值。

5.10　梁或柱基于铰转动的剪切强度

在钢筋混凝土梁或柱中,塑性铰区的剪切强度一般比其他区域的小。若剪切行为需要保持弹性,则可以使用剪切强度截面来监测剪切强度。

一般地,剪切强度都是固定的值。因此,剪切强度截面会附加在相邻的弯曲塑性铰组件上,并且剪切强度能随着塑性转角的变化而变化。这个特点可以用于剪切强度截面和 V2-V3 剪切强度组件,但不能用于非弹性剪切铰。

5.10.1　PERFORM-3D 实现

定义的方法如下:

(1)强度截面属性。在 **Rotation Effect** 标签下定义考虑铰转动影响的强度截面组件的剪切强度。当前版本不能考虑定义的铰,只能考虑转动影响。

(2) 使用强度截面的框架构件复合组件属性。若使用剪切强度截面,则在 **Strength Sections** 标签下定义影响剪切强度的转动铰组件。强度截面和铰,一般都在相同位置,但 PERFORM-3D 无法自动检查。

在每个分析步中,PERFORM-3D 可以检查铰组件转动是否影响了剪切强度截面。若影响了,则可得到当前分析步的铰的最大转角(较大的正向和负向转角),使用这些转角来计算剪切强度截面的强度能力,由此来计算剪切强度截面的剪切强度需求能力比。

5.10.2　强度截面属性的操作

柱子的 V2-V3 剪切强度截面,与梁的剪力强度截面是相似的。

定义强度截面步骤如下:

(1)选择 **Component Properties** 模块,点击 **Strength Sections** 标签,选择 **V2-V3 Shear Strength Section** 或 **Shear Force Strength Section** 类型,定义新的强度截面或者选择已有截面。

(2)点击 **Rotation Effect** 标签。

(3)选择转角选项。混凝土截面的剪切强度一般由混凝土和受剪钢筋贡献(通常仅考虑混凝土的铰转角影响或剪切强度影响)。

(4)剪切强度随铰转角的变化规律如图 5.25 所示,定义转角 r_0、r_1 和 r_2(弧度制)和强度退化系数 s_1 和 s_2。

(5)定义轴 2 转角系数。默认值为 1.0,表示柱的 P-M-M 铰的有效转角是合成的转角。若柱

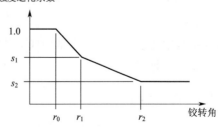

图 5.25　剪切强度转角的影响

对轴 2 的转角引起的剪切强度退化比对轴 3 引起的剪切强度退化要小,则定义轴 2 转角系数大于 1.0,有效转角为轴 3 转角和轴 2 转角之和除以转角系数;若对轴 2 的转角引起的剪切强度退化更大,则定义比 1.0 小的转角系数。对于梁的剪切强度截面,不要定义这个系数。

(6)点击 **Save** 保存数据。

5.10.3　定义框架复合组件的操作

将铰或其他转动组件的剪切强度截面合并的步骤如下:

(1)在 **Component Properties** 模块,点击 **Compound** 标签,从下拉表单中选择 **Frame Member Compound Component**,然后定义新的强度截面或者选择已有截面。

(2)按照一般操作定义基本组件。某些组件是转动类型的,包括 FEMA 梁、FEMA 柱、钢或混凝土弯矩铰、钢或混凝土铰以及纤维梁柱段。任何剪切强度截面都可以联合使用,并不仅限于铰组件。

(3)点击 **Strength Sections** 标签,添加剪切强度截面,命名和添加局部属性,可以定义一些基本组件来计算转角。例如,若次要基本组件是 PMM 铰,则可能需要在某点处定义铰转角,即在 PMM 铰组件附近定义剪切强度截面,但程序无法自动检查剪切强度截面数据。若次要或其他组件是纤维段,需要定义铰区段,则会用到该铰区段转角总和 A。若定义了一些任意类型组件,则转角为这些组件的转角总和。

定义一个或多个剪切强度截面的强度极限状态,若定义了框架复合组件,然后改变基本组件来编辑组件,确保强度截面的转角范围是正确的,因为这些转角组件由一系列数值确定。若转角组件改变,则这些数值也应该改变。

5.11　循环退化

5.11.1　骨架曲线

在循环荷载作用下,大部分结构组件会发生刚度损失或强度退化。强度退化是由循环加载引起的,与在屈服极限点的脆性强度损失不同。

一般地,强度退化是持续发生的。组件初始的力-位移关系曲线可以用于第一荷载循环或无循环的单调荷载。随着循环次数增加,力-位移曲线也将会退化,刚度、强度及耗能和延性都会降低。理想的力-位移关系曲线应该考虑这种持续退化,非线性分析中需要考虑循环退化。目前单一的力-位移关系曲线可用来考虑循环加载,即骨架曲线。

在 PERFORM-3D 中,用于分析的 *F-D* 关系曲线就是骨架曲线。FEMA 356 建议采用不同类型的骨架曲线,并且介绍了如何根据实验数据定义骨架曲线(FEMA 356 第 2.8 节)。

骨架曲线间接地考虑了循环加载对强度和延性的影响。若不这样做,则需要考虑滞回环的能量退化。

5.11.2　滞回环

图 5.26 给出了两个滞回环,一个为有刚度退化滞回环,另一个为无刚度退化滞回环。其中,有刚度退化滞回环的耗能(环所围成的面积)较小。能量退化总量由刚度退化确定。

因为结构地震反应对大量耗能很敏感,所以考虑滞回环的刚度退化很重要。

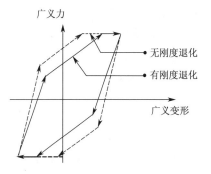

图 5.26　有刚度退化的滞回环

5.11.3　动力分析

对于分析步连续的动力分析,若刚度和能量退化很重要,则必须通过改变滞回环的形状直接计算,如图 5.26所示。

在 PERFORM-3D 中,可以定义非弹性组件的能量退化系数。图 5.26 中的能量退化系数是有退化的滞回环和无退化的滞回环的面积比。对于一般组件,较小变形循环(无退化)面积比为 1.0,随着较大变形的增加(退化的增加),面积比将会继续减小。

在 PERFORM-3D 中,能量退化是可选的。若选择"**yes**",则必须定义组件最大变形和能量退化系数的关系。在分析过程中,对于每种非弹性组件,在每次卸载过程中(即每次新的滞回环开始),定义最大变形,则表示考虑达到最大变形点的所有循环而不是当前循环。然后 PERFORM-3D 计算最大变形的能量退化系数,调整组件刚度确定新滞回环的面积比。

查看退化影响的最好办法就是定义有能量退化系数的组件,画出滞回环。若组件属性是根据实验结果得到的,在 PERFORM-3D 中画出滞回环则可以校准退化属性。

5.11.4　退化系数的操作过程

选择 **Component Properties** 模块,点击 **Inelastic** 标签,选择组件类型,点击 **Cyclic Degradation**标签。定义能量退化系数的两个选项如下:

(1)若组件的 F-D 关系曲线为有强度损失的三折线,则在 Y、U、L、R 和 X 点定义退化系数,即"**YULRX**"选项。这个选项也可以定义有强度损失的理想弹塑性行为(定义 Y 和 U 点相同的强度损失)。

(2)可以在 Y 点、X 点及中间三点定义退化系数,即"**YX+3**"选项。

5.11.5　Pushover 分析

在 Pushover 分析中,没有循环荷载或滞回环,所以必须间接考虑能量退化。在多数情况下,可以在 Pushover 方法中使用退化思想。对于 Pushover 方法的解释,包括如何考虑能量退化,参见第 10.2 节。

程序默认的能量退化系数,只在能量反应谱 Pushover 方法中才用到。若选择默认,则操作如下:

(1)在 Pushover 分析的每步,得到每种非弹性组件的最大变形,然后计算能量退化系数。

(2)对于每种组件,应估算无退化环耗能,因为环是虚拟的,所以滞回环的面积只能估算,而不能精确计算。根据当前组件的变形,程序假定环在相反方向有相同的变形。

(3)对于每种组件,能量退化系数乘以无退化能量即退化的能量。

(4)所有组件耗能求和。

(5)计算结构有效 Pushover 应变能。若 Pushover 力是$\{H\}$,相应的位移为$\{\Delta\}$,则有效

Pushover 应变能为 $0.5\{H\}^{\mathrm{T}}\{\Delta\}$。

(6)根据耗能和应变能计算等效阻尼比,等效阻尼比＝消耗能量/(4π×应变能)。等效阻尼比公式假定非弹性滞回环与引起相同耗能的黏滞阻尼有相同的阻尼效应。

(7)在 Pushover 分析中,使用阻尼比来计算反应谱加速度需求。

这种方法尽管考虑了不同结构的属性,但在能力谱方法中有统一适用的公式,具有优势。

5.12 滞回环形状控制

5.12.1 可选的滞回环

根据能量退化系数、滞回环的卸载和再加载刚度可以确定需要的面积比。有许多调整刚度的方法,PERFORM-3D 也给出了一些方法。

有三折线力-位移关系曲线且有相同量的能量退化的组件的滞回环如图 5.27 所示。在图 5.27 中,虚线表示无能量退化的环,实线表示有能量退化的环。全部有能量退化的环的面积相同,因此与无能量退化的环有相同的退化比(图中退化比为 0.55,其中退化比为 1.0 时表示无能量退化)。环的形状是不同的,不同之处如下:

(1)在环 A 中,卸载刚度与无退化情况一样,减小卸载弹性范围来提供所需能量退化。

(2)在环 B 中,卸载弹性范围最大,减小卸载刚度来提供所需能量退化。

(3)环 C 介于环 A 和环 B 之间。

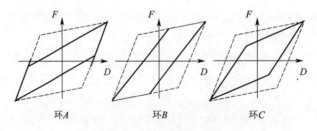

图 5.27　相同能量退化的滞回环

在 PERFORM-3D 中,对应环 C 为默认选项。根据需要,可以定义"卸载刚度系数"控制滞回环的形状。系数为零(默认)对应环 C,系数为 1 对应环 A(最大刚度,最小弹性范围),而系数为-1 对应环 B(最小刚度,最大弹性范围)。

5.12.2 理想弹塑性关系曲线

图 5.27 中的环不能用于模拟理想弹塑性 $F\text{-}D$ 关系。考虑退化的理想弹塑性滞回环如图 5.28 所示。

图 5.28 所示的环与图 5.27 中的环 B 相同。对于真实的理想弹塑性组件,不能得到环 A 或环 C 关系曲线。若要定义真实理想弹塑性 $F\text{-}D$ 关系曲线,则不能使用卸载刚度系数。若要得到 A 类环和 B 类环,则需要定义接近理想弹塑性的带有少量刚度强化的三折线 $F\text{-}D$ 关系曲线。

5.12.3　U 点之后三折线关系曲线

达到 U 点之前的三折线 F-D 关系曲线如图 5.27 所示。在 U 点之后变形的三折线组件的有退化滞回环如图 5.29 所示。

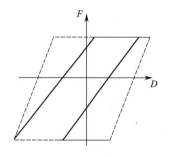

图 5.28　理想弹塑性关系

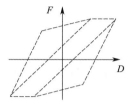
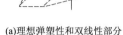
(a)理想弹塑性和双线性部分

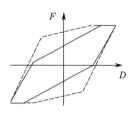
(b)退化的环

图 5.29　U 点之后三折线关系曲线

图 5.29(a)中是无退化的滞回环,这个环可分为一个平行四边形和一对三角形。平行四边形为图 5.28 所示的理想弹塑性组件的退化。两个三角形组成了双折线滞回环,如图 5.27 所示,这种退化使用了卸载刚度系数。对于环 A 的情况,卸载刚度＝+1,如图 5.29(b)所示。

5.12.4　卸载刚度系数的操作

选择 Component Properties 模块,点击 Inelastic 标签。选择组件类型,点击 Cyclic Degradation标签。若控制滞回环形状的选项可用,则出现 Unloading Behavior 框。在这个框中输入卸载刚度的值,必须选择 YULRX 或 YU+3 选项定义能量退化系数。

定义了组件属性并保存后,点击 Plot Loops 画出滞回环,检查滞回环形状;若 Plot Loops 不可用,则先点击 Graph 来画出组件属性。

这种操作仅以下组件可以使用:

(1)钢材或混凝土材料的 FEMA 梁。

(2)弯矩铰。

(3)非弹性钢材。

(4)非弹性剪切材料。

5.13　截　　面

5.13.1　截面的作用

在线性分析中,通常会通过将截面和弹性材料赋予单元来定义单元的属性。在大多数情况下,单元属性均能完全定义。线性分析只需要定义刚度属性,而非线性分析则需要定义刚度属性和强度属性。在 PERFORM-3D 中使用截面的操作基本与其他线性分析程序(如 ETABS 或 SAP2000)一样。

若单元需要赋予截面并由很多基本组件(如板区域单元)构成,一般需要如下三个步骤来赋予单元属性:

(1)定义截面。

(2)定义基本组件,使用截面属性。

(3)给单元赋予基本组件。

若梁柱单元由框架复合组件构成,则需要以下步骤来赋予单元属性。

举例一,定义带塑性铰的梁单元的步骤如下:

(1)定义梁截面、刚度和强度属性。

(2)定义塑性铰组件,使用截面属性。

(3)定义剪切截面,使用截面属性。

(4)定义复合组件,使用塑性铰组件,梁截面(在铰之间的梁段)和强度截面(检查剪切强度)。

(5)赋予单元复合截面。

举例二,使用纤维截面定义柱单元的步骤如下:

(1)定义材料。

(2)定义纤维截面,使用材料属性。

(3)定义非纤维截面。

(4)定义剪切强度截面,使用非纤维截面属性。

(5)定义复合组件,使用纤维截面(对应塑性区)、非纤维截面(在塑性区之间的梁段)和强度截面(为监测剪切强度)。

(6)赋予单元复合组件。

5.13.2　梁柱截面

在线性分析程序中,不需要区别梁柱单元的截面。但在 PERFORM-3D 中,必须区分梁柱单元截面,因为柱单元需要定义的强度属性比梁单元的复杂。梁单元的轴力一般很小,且只沿一个轴受弯,因此梁截面只需要定义不考虑轴力弯矩相互影响的非轴向弯曲强度就足够了。而柱单元轴力很大,定义柱截面弯曲强度一般需要考虑 P-M-M 相互影响和双轴弯曲作用。

对于梁柱截面,刚度属性必须定义,强度属性可以选择性定义。若只定义刚度,则梁柱截面就没有什么不同。一般最好定义截面强度,它可以用来定义其他组件的强度。例如,定义了柱截面的 P-M-M 屈服面,并且定义 P-M-M 塑性铰组件使用了这个柱截面,则铰组件也可以使用这个柱截面的 P-M-M 屈服面。

对于钢梁柱截面,可以直接定义截面属性,或者使用标准截面。

5.13.3　梁柱纤维截面

定义梁柱纤维截面,应将截面划分为许多根纤维,并赋予每根纤维材料属性。纤维材料可以是不同的材料,包括混凝土、无屈服钢材和屈服钢材。对于梁,小段纤维截面用来模拟塑性铰区和连接段,包括剥落连接。对于柱,纤维截面用来模拟 P-M-M 铰,而不依赖于屈服面和塑性理论。实际上使用纤维截面比使用标准梁柱截面更有用,但计算时间将会更长。

5.13.4　墙纤维截面

剪力墙和通用墙复合组件,在剪力和轴向压弯复合作用下有刚度和强度。对于剪切属性,必须定义剪切材料,然后定义墙的有效厚度。对于轴向弯曲,必须定义截面,即纤维截面,一般由钢材和混凝土纤维组成。必须定义钢材和混凝土材料属性,然后定义截面每种纤维的面积、位置和材料。

5.13.5　其他截面

其他截面可能会用到弹性膜或弹性壳单元截面。

5.14　使用截面尺寸

当定义梁柱截面时,可以定义宽度(B)和高度(D)(对于标准截面,采用默认尺寸)。当定义其他组件时(如塑性铰),可以结合截面和组件,从截面插入组件尺寸,并按以下方式使用尺寸:

(1)给复合组件中的基本组件赋予长度。

(2)确定连接板区属性。

(3)给梁柱刚性端区单元赋予长度。

5.14.1　统一 X 截面段长度

框架复合组件一般可以由统一的截面段组成,被铰组件分开。先为每段定义梁或柱子的截面,再定义每段的刚度。根据需要,可以使用截面尺寸来定义每段的长度。

例如,考虑有截面削弱的梁构件 (RBS)离柱面的距离,这段距离等于梁翼缘宽度的倍数。构件部分可能是框架复合组件,如图 5.30 所示。

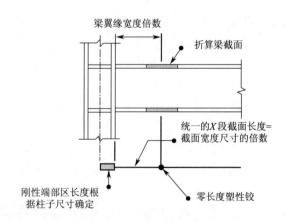

图 5.30　使用组件尺寸建模

使用复合组件来模拟梁构件。端部复合组件是从端部点到柱截面的端部区;统一的 X 截面段延伸到 RBS 中心;零长度的塑性铰来显示 RBS。统一 X 截面的翼缘宽度等于截面宽度。统一 X 截面段的一个选项是定义固定的长度,若选择这个选项,随后改变截面的尺寸,则也必

须改变统一 X 截面段的长度。这样就有两处需要改变,但要保证其一致是很困难的。统一 X 截面段的另一个选项是将长度定义为截面宽度的倍数。若选择了这个选项,随后改变截面尺寸,则这段长度也会自动更新,这样可以节省不少时间。

5.14.2 曲率铰的辅助长度

在 PERFORM-3D 中,塑性铰可以是转角型的(其长度默认为零)或者是曲率型的(必须定义辅助长度)。在某些情况下,辅助长度必须是梁和柱高度 D 的倍数。若将塑性铰组件与截面联系,则高度 D 变成了铰组件的属性。可以定义铰辅助长度为 D 尺寸的倍数,若改变了截面尺寸 D,则辅助长度将自动更新。

注意,在这种情况下,截面提供的不仅是铰组件尺寸数据,而且还有某些铰组件的强度数据。若改变了截面,则强度数据也会自动更新。

5.15 自动组件

5.15.1 梁柱自动端部区

在 PERFORM-3D 中,端部区是弹性组件,有刚度但不是刚体,可以在复合组件的端部使用它们。

在大多数情况下,不需要定义任何端部区组件(尽管可以根据需要定义)。原因是 PERFORM-3D会自动生成默认的端部区组件,使用于梁柱单元中。这些组件的刚度是主体组件刚度的十几倍,且自动根据相邻梁柱尺寸得到长度,框架复合组件使用的默认端部区通过梁单元及相邻柱的高度得到其长度,复合组件的默认端部区通过相邻梁确定其长度;对于支撑或其他框架单元(如实际支撑构件),则不能使用默认端部区。

5.15.2 钢框架自动平面区

钢框架连接板区属性依赖梁柱节点属性。当在钢框架中定义了常规的板区组件,可能需要选择已定义的梁柱截面(必须是 I 形截面)。若使用这一选项,则 PERFORM-3D 会通过截面属性来计算板区组件的刚度和强度。若改变截面,则其属性会自动更新。

PERFORM-3D 通过截面来定义端部区组件的属性。在梁柱连接处,必须仔细定义梁柱连接使得其截面与梁柱的截面相同。若在结构中有不同类型的梁柱尺寸,则需要不同端部区组件每种不同梁柱尺寸的组合。

可以使用自动端部区组件。PERFORM-3D 得到每个连接处的梁柱尺寸,每种不同连接生成不同端部区组件。充分利用控制损失,这将会减小定义端部区的需要工作。

定义自动端部区组件的步骤如下:

(1)在 **Component Properties** 模块点击 **Inelastic** 标签和 **Auto Connection Panel Zone** 组件类型,定义新组件或选择已有组件,如图 5.31 所示。

(2)给多个组件定义组件属性,点击 **Formulas** 标签,可以定义控制刚度和强度的系数,如图 5.32 所示。只有基本的 $F\text{-}D$ 关系用来自动计算,仍然需要像标准端部区组件那样定义强度损失、退化能力和循环退化。

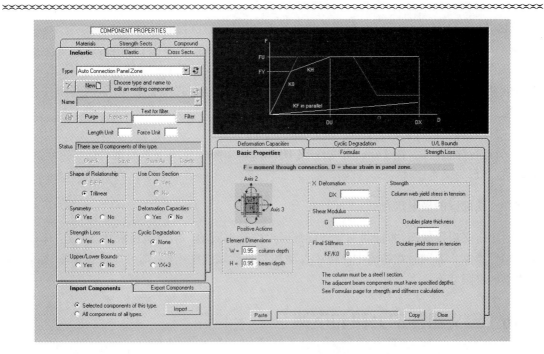

图 5.31 定义自动端部区

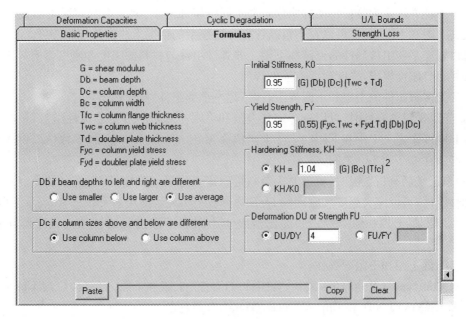

图 5.32 **Formulas** 标签

(3)点击 **Save** 和 **Save As** 保存数据。

若结构所有端部区有相同的柱屈服应力,相同的双板厚度、屈服应力、强度损失、变形能力和循环退化数据,则只需要一个自动端部区组件。

不能画出组件的 *F-D* 关系曲线(点击 **Graph**,但无图像显示),因为 *F-D* 关系曲线是未知的。无法立即检查组件属性是否正确,只能按下面方式检查属性:

(1) 运行一个或多个分析,会生成相应的 ECHO.txt 文档。

（2）打开 ECHO. txt 文档，看到非弹性端部区组件属性（搜寻"IZ1A"）。

（3）对于一般的端部区组件，它们的属性会被列在前面。使用自动端部区组件的每种梁柱节点的一系列属性会列出。这些属性包括柱截面（在 ECHO. txt 文档中搜寻"COLM"查看详细信息）、梁截面的高度、自动端部区组件。若名称过长，则它会缩短显示，因为组件名称最大长度只能为 40 个字符。

（4）检查属性是否正确。

（5）运行分析之后，在 **Time History** 或 **Hysteresis Loops** 模块下画出端部区单元的结果图形，检查其行为是否正确。

5.15.3　端部区的极限状态

对于定义极限状态，非自动和自动端部区组件是不同的。当定义极限状态时，应保证定义正确组件类型。若同时在结构中使用了自动和非自动端部区组件，则可以根据需要来区分每种类型的极限状态。

5.16　定义组件的上限和下限

由于组件和单元具有很大的不确定性，所以需要尝试定义不同的强度或刚度值来确定其敏感性。一种方法是为分析模型的构件定义不同强度和刚度，而大多数情况下更简单的方法是定义其上限和下限，这样可以在不重新建立分析模型的情况下改变强度和刚度。

可以定义某些组件属性的上限和下限。非弹性组件与材料的强度和刚度都有界限。弹性组件和材料有刚度界限，强度截面有强度界限。

定义大多数组件的上限和下限界限，但不是全部的组件，操作如下：

（1）当定义组件属性时，可以选择定义上限和下限。对于一般的非弹性组件，根据多种名义强度和刚度来定义上限和下限。多个上限值必须在 1.0 和 2.0 之间（少数情况例外）；多个下限值必须在 0.5 和 1.0 之间。

（2）当定义新分析工况时（见第 9.1 节），可以定义强度和刚度，而不是名义值。对于任意的非弹性组件，可以定义强度和刚度的 U/L 界限比。0 表示使用名义值，1.0 表示上限值，一1.0 表示下限值；一1.0 到 1.0 之间的比值表示上限和下限之间的插值。程序默认使用名义值。

定义组件上限和下限的操作：

选择 **Component Properties** 模块，若组件可以定义上限和下限，则将会出现 **Upper/Lower Bounds** 选项（**Yes** 或 **No**）和 **Upper/Lower Bounds** 属性标签。

相对简单的组件，如非弹性杆件允许定义轴向强度和刚度的上限和下限值；更复杂的组件，如塑性铰在受弯和轴力作用下分别会有不同的强度边界。

定义边界，选择上限下限的 **Yes** 选项，然后点开 **Upper/Lower Bounds** 标签。附加在上限和下限值，选择定义界限对以下参数的影响。

（1）U 点的变形。只应用三折线 F-D 关系曲线。选项有：①保持 DU 刚度和强度为不同常数；②保持 DU/DY 为常数；③保持变形 $DU-DY$ 为常数。

（2）L 点变形 DL。这只用在强度损失情况。选项有：①常数 DL；②常数 DL/DY；③常数 $DL-DY$；④常数 DL/DU（只用在三折线关系）；⑤常数 $DL-DU$。

(3)X 点变形 DX。选项与 DL 一样。

(4)变形能力。选项与 DL 一样。

为了显示界限的影响,可以在 **Upper/Lower Bounds** 标签下定义上下限边界比。这些与定义分析工况中的一样(即,-1 到 1 之间的值)。为了看到影响,可以在定义强度或刚度的上下限边界比后点击 **Show Effect** 标签,再点击 **Check** 或 **Graph**,画出属性显示上下限的影响。若要采用上下限,则最好使用以上这个特性来检查 $F\text{-}D$ 关系曲线和其他属性。

若使用画出功能,则上下限不会被考虑。基于这个特点,只使用名义值。

第6章 定义单元

本章主要介绍如何定义单元。每个单元有三种主要的数据，即整体坐标、局部坐标轴方向和组件属性。可以在定义组件属性之前定义单元位置，但不能在定义所需组件之前赋予单元属性。

6.1 单元类型

6.1.1 简单杆件单元

使用简单杆件单元来模拟承受轴力构件。每种单元连接两节点，由基本组件组成，杆件单元不需要局部坐标轴。

可以使用不同基本组件来定义杆件单元，包括弹性杆件、非弹性杆件和弹性钩缝杆件，还有非线性弹性杆件和混凝土支柱组件及无屈服或有屈服钢杆和支柱组件。

可以定义杆单元的初始应变（基本与温度膨胀效应一样）来模拟有初始应力的预应力或其他的情况。

6.1.2 梁单元

使用梁单元来模拟典型梁。梁轴力较小，而不必考虑 P-M 相互作用。一般地，梁关于截面强轴发生平面内弯曲，所以一般也不必考虑双轴弯曲或者双轴剪切。若需要，也可以考虑 P-M 相互作用、双轴弯曲或双轴剪切（即可以使用柱类型组件模拟梁单元）。

每种梁单元由两节点和框架复合组件构成。在大多数情况下，可以使用梁单元来定义梁构件。在跨内有对角支撑的情况下，必须在连接处定义节点将梁分成两个或更多单元。

梁单元必须赋予单元局部坐标轴方向。局部轴 1 沿着单元从单元的 I 端到 J 端；局部轴 2 和轴 3 垂直于轴 1，轴 1、轴 2 和轴 3 符合右手坐标法则。在 1-2 平面内弯曲（绕轴 3 弯曲），一般是沿强轴弯曲；在 1-3 平面内弯曲（绕轴 2），一般是沿弱轴弯曲；一般轴 2 竖向向上，轴 3 水平；轴也可以是倾斜的。

当添加梁单元到结构中时，保证使用一致的方法选择 I 端和 J 端。若梁基本沿着 H1 和 H2 方向，建议将 I-J 方向一直沿着相应的坐标。

可以沿着单元长度定义分布或集中的荷载（单元荷载不同于节点荷载）。在当前版本的 PERFORM-3D 中，只允许有重力（一般荷载沿着竖向负向）。

6.1.3 柱单元

构件中柱单元通常为传统的柱。柱一般轴力较大，需要考虑 P-M 相互作用。柱一般可以在截面双轴发生弯曲，所以需要考虑双向弯曲和双向剪切。因此，若柱轴力较小并且单轴受弯，则可以用梁组件来模拟。

每种柱单元由两个节点和框架复合截面组成。在大多数情况下，可以使用一个柱单元来模拟柱构件。柱间有对角支撑情况下，在连接点处定义节点将柱分成两个或多个单元。

必须赋予柱子局部轴向。局部轴 1 沿着单元,从单元的 I 端到 J 端,且一般都是竖向的。建议保持 I 端为下端而 J 端为上端。局部轴 2 和轴 3 垂直于轴 1,且是水平的。必须定义轴 2 和轴 3 平面内方向。

可以沿着单元长度定义分布或集中的荷载。只允许有重力(一般荷载沿着竖向负向),但不应用于竖向柱单元。

6.1.4 支撑或其他框架单元

使用支撑或其他框架单元,如对角支撑,不能用抗轴力的杆件单元模拟。

若在梁柱构件中使用支撑或其他框架单元,使用默认端部区或梁柱节点单元,则必须使用梁柱单元模拟梁柱构件,因为在 PERFORM-3D 中可以通过梁单元来得到柱端部和梁柱节点的高度,相似地使用柱单元来得到梁端部和梁柱节点的宽度。若不使用梁柱单元,则必须明确定义端部的长度和梁柱节点尺寸。

可以使用简单杆件单元、支撑或其他框架单元来模拟对角支撑构件。使用简单杆件单元,可以忽略支撑构件的弯曲刚度。若必须考虑弯曲刚度,则必须使用支撑或其他框架单元。每种单元由框架复合组件构成。若不需要考虑 $P\text{-}M$ 相互作用,可以使用梁基本组件。若 $P\text{-}M$ 相互作用很重要,则必须使用柱基本组件。

不能使用梁柱单元模拟支撑构件。如前所述,PERFORM-3D 默认柱端长度基于相邻梁尺寸,默认梁端部区域基于相邻柱尺寸。若使用梁或柱单元模拟支撑构件,PERFORM-3D 可能会混淆和使用错误的尺寸。

和梁柱单元一样,必须赋予支撑或其他框架单元局部轴向。局部轴 1 沿着单元从 I 端到 J 端。轴 2 为竖向,轴 3 为水平。

可以沿着单元长度定义分布或集中的重力荷载。

6.1.5 剪力墙单元

使用剪力墙单元来模拟大部分剪力墙和剪力核心筒,包括连梁。

剪力墙基本像梁一样,可以发生弯曲、轴向变形和剪切变形。对于剪切和弯曲,剪力墙可以是弹性或非弹性,但要使用纤维截面。每个单元由四节点和一个剪力墙复合组件构成。

必须赋予剪力墙单元局部轴向。局部轴 2 为竖向,沿着单元的边;局部轴 3 为水平,也沿着单元的边(单元一般是矩形);轴 1 垂直于单元平面(单元四节点必须在同一平面内)。

6.1.6 通用墙单元

使用通用墙单元可以模拟带有不规则洞口的矮墙。

对于 PERFORM-3D 的非线性分析,通用墙单元专门用来模拟带有不规则洞口的钢筋混凝土墙,因此其弯曲和剪切性能较为复杂。每个单元由四个节点和通用墙复合组件构成。

与剪力墙单元一样,也必须赋予通用墙单元局部轴向。局部轴 2 为竖向,沿着单元的边;局部轴 3 为水平,也沿着单元的边(单元一般是矩形);轴 1 垂直于单元平面(单元四节点必须在同一平面内)。

6.1.7 填充板单元

使用填充板单元来模拟框架中的填充墙。填充板单元可以是弹性或非弹性的。每个单元由四个节点和一个基本组件构成。可以在填充板单元中使用剪切型或对角支柱型组件。

填充板单元不需要定义局部轴向。

6.1.8　梁柱节点单元

使用梁柱节点单元来模拟梁柱节点的剪切变形。梁柱节点单元可以是弹性或非弹性的。每个单元由一个节点(梁柱相交处)和一个基本组件构成。

必须赋予梁柱节点单元局部轴向。局部轴 1 垂直于梁柱节点单元平面,轴 2 沿着柱轴线,轴 3 沿着梁轴线(一般假定梁和柱的右角)。

6.1.9　屈曲约束支撑单元

使用 BRB 单元来模拟屈服约束支撑构件。BRB 单元只抵抗轴力。每个单元由两节点和一个复合组件构成。这个复合组件由一个非弹性 BRB 组件与一个弹性和一个可选的刚性端部区串联而成。

BRB 单元不需定义局部轴向。

6.1.10　黏滞杆件单元

使用黏滞杆件单元来模拟黏滞阻尼器。黏滞杆件单元只抵抗轴力。每个单元由两节点和一个复合组件构成。该复合组件由一个液体阻尼器组件和一个弹性杆件组件串联而成。

黏滞杆件单元不需要定义局部轴向。

6.1.11　隔震单元

使用隔震单元来模拟橡胶或摩擦摆隔震器,也可以使用橡胶隔震单元来模拟其他耗能装置,如 ADAS 装置(加劲耗能装置)。

隔震单元能抵抗冲击和剪切作用。对于承载力,单元是弹性的,并可以选择不同的受拉和受压刚度。对于剪切,单元是非弹性的。每个单元由两节点和一个基本组件构成。

必须赋予隔震单元局部轴向。局部轴 3 沿承载力方向,一般为竖向。轴 1 和轴 2 沿剪切方向,一般为水平。

6.1.12　板壳单元

板壳单元是膜(平面内)和板弯曲(平面外)刚度组成的 4 节点弹性单元,用来模拟板和曲面壳。

在 PERFORM-3D 中,板壳单元更多用来模拟可变形的楼板。用板壳单元的膜行为来考虑板平面内作用,用板的弯曲行为来考虑分布的重力荷载。也可以使用墙单元来模拟楼板,但需要四步来定义单元属性,即定义材料、截面、墙复合组件和单元。对于板壳单元则只需要三步,即定义材料、截面和单元。

必须赋予板壳单元局部轴向。与墙单元相似,轴 1 垂直于单元平面,轴 2 和轴 3 在单元平面内。

6.1.13　支座弹簧单元

每种支座弹簧单元由一个节点和一个支撑弹簧组件构成。实际上,每个单元连接支撑点到空间的一个固定点。支座弹簧单元无 P-Δ 效应。可以绘出支撑点处滞回环。

支座弹簧单元有平动和转动刚度,且为 6×6 刚度矩阵,可用来定义强度能力和强度极限状态。

必须赋予支座弹簧单元局部轴向,这些轴趋向于 H1-H2-V 轴。

用支座弹簧单元来模拟在支撑点施加位移,需要定义较大刚度,并定义初始变形(与温度膨胀相似)。

6.1.14 变形监测单元

在 PERFORM-3D 中,可以定义单个组件的变形能力。在多种情况下,需要定义监测单元的大量变形,并定义相应的极限状态。例如,在墙结构中,若要计算每层多种单元的平均应变,则可定义沿这层高度的应变监测单元来实现。

变形监测单元不能增加结构的刚度,完全相当于应变测量计。可以定义以下类型监测单元:

(1)2 节点应变监测。

(2)2 节点梁转动监测。

(3)4 节点墙转动监测。

(4)4 节点墙剪切应变监测。

其中,只有梁的转动监测需要定义与梁单元相似的局部轴向。

6.2 定义单元的方法

6.2.1 单元组

单元必须按照单元组来管理,每种单元组中的单元都应该是一样的类型。因此,不同类型的单元不在一个组。

在小型框架中,只需定义两个单元组,一个组含有所有梁单元,另一个组含有所有柱单元。在大型框架中,则可能使用很多单元组。例如,外围的柱为一个单元组,内部的柱为另一个单元组。因为变形和强度极限状态基于单元组,所以外部和内部的柱可能需要定义不同的极限状态。若结构有不同类型的单元,则每种单元至少需要定义一个单元组。也可以在定义单元组后合并或细分单元组。

6.2.2 步 骤

选择 **Modeling phase** 和 **Elements** 模块,步骤如下:

(1)定义单元组,输入单元组名。

(2)添加单元到单元组中。

(3)为单元赋予方向和属性。

可以编辑已有单元组,添加、删除单元或改变单元属性,也可以删掉所有单元组。

6.2.3 定义新单元组

点击 **New** 定义新单元组,选择单元类型,输入单元组名称,选择考虑或忽略几何非线性,用户界面如图 6.1 所示。

若确定单元无明显几何非线性效应,则可忽略几何非线性,选择"**None**"。一般地,梁单元不考虑几何非线性,因为梁主要受水平力作用并且轴力较小。若不确定单元是否有明显几何非线性效应,则选择"**P-delta**"。对于某些单元,默认选择"**None**"。对于所有单元,"**Large displacements**"选项在当前是不可用的。

定义比例系数"βK"黏滞阻尼。可以通过定义大于或小于 1.0 的比例系数来增大或减小单元组的 βK 阻尼。若觉得计算 β 值会高估单元组的耗能,则定义小于 1.0 的参数;若觉得计算 β 值会低估单元组的耗能,则定义大于 1.0 的参数;若要忽略单元组的 βK 阻尼,则定义参数为 0。

6.2.4　添加单元

选择 **Add Elements** 标签添加单元。添加一个或多个单元,选择节点,单击 **Test**,如图 6.2 所示。

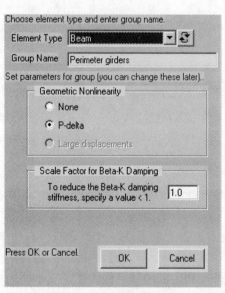
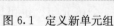
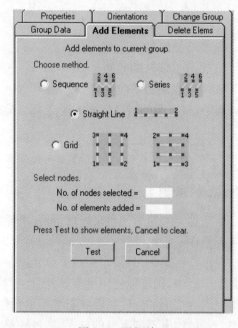

图 6.1　定义新单元组　　　　　　　图 6.2　添加单元

定义单元,可以选择顺序、并联、直线或网格。2 节点单元有 I 端和 J 端,画出用小点标出;4 节点单元有 I、J、K 和 L 四角,其中 IJ 边的 I 端用点标出。

6.2.5　平行单元

当两个或多个单元平行时,不能为这些单元定义一个单元组。若要定义平行的单元,则必须定义不同的单元组。

6.2.6　删除单元

选择 **Delete Elems** 标签删除单元。每次选择一个 4 节点单元的边。可以拖动鼠标框选单元,被选择的单元将会改变颜色。若第二次选择同一单元,则取消选择。

6.3 单元方向

选择 **Orientations** 标签赋予单元局部轴向,步骤如下:

(1)在当前单元组表单中选择单元组,显示为绿色。单元已经被赋予方向会显示轴坐标。

(2)选择一个或多个单元,选择的单元将会是红色,选择方法如下:

①单击选择或者是框选。

②双击选择一个单元,这是选择有相同方向数据的单元。

③在空白地方双击,这是选择没有赋予方向的单元。

若所有选择的单元有相同的方向,则在 **Orientations** 标签下会显示局部轴向,便于查看单元方向,如图 6.3 所示。若选择的单元没有方向或有不同的方向,则在 **Orientations** 标签下不会显示局部轴向。

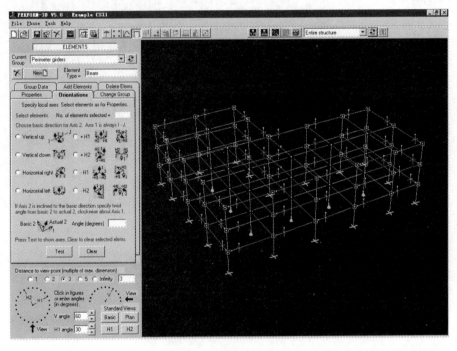

图 6.3 定义单元方向

(3)选择方向类型,输入需要的数据。

(4)单击 **Test** 显示新方向,然后点击 **OK** 确定或 **Undo** 取消操作。

对于梁柱节点单元,可以选择"标准"或"非标准"选项来赋予单元方向。若选择标准选项,梁柱节点单元方向依赖于相邻柱单元的方向,只在柱为 I 形截面时应用。若选择非标准选项,则必须直接输入坐标方向数据。

6.4 单元属性

选择 **Properties** 标签赋予单元属性,步骤如下:

（1）选择一个或多个单元。按以下方式选择单元，被选择的单元显示为红色。

①单击选择或者是框选。所选组件属性在 **Component to be Assigned** 里。

②双击选择一个单元，这将会选择有相同方向数据的单元。

③在空白地方双击，这将会选择没有赋予方向的单元。

（2）若要赋予组件给所选单元或改变当前赋予组件属性，点击 **Assign Component**。已赋予的组件属性会在 **Component to be Assigned** 表格中显示。选择组件属性，点击 **Assign**。如图6.4 所示。

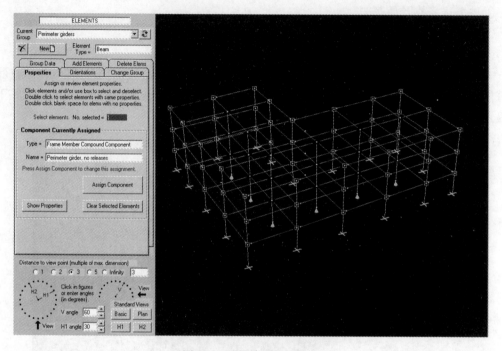

图 6.4　赋予单元组件属性

点击 **Properties** 标签下 **Show Properties**，可以显示当前组件的属性；但不能改变这一属性，如要改变则必须使用组件属性任务栏来改变属性。

6.5　改变单元组

选择 **Change Group** 标签，可以将单元从当前组移动到其他组中。若要分离一个单元组，则首先要建立一个或多个没有单元的新单元组。使用 **Change Group** 从原单元组移动单元到一个新单元组，但只能移动没有单元荷载的单元。

点击 **Group Data** 标签下的 **Rename**，可以改变任何单元组的名称。

6.6　*P-Δ* 效应和大位移效应

P-Δ、P-δ 和大位移效应能引起单元和整个结构的非线性，即几何非线性。在 PERFORM-3D 中，可以选择考虑或忽视几何非线性。

6.6.1　*P-Δ* 与真实大位移理论

在小位移分析中,两个关键的假定如下:

(1)点位移和单元变形的几何关系是线性的。

(2)在结构未变形下可以得出平衡方程。

事实上,以上两个假定是不正确的。数学上,只在位移接近为 0 时,第一个假定是正确的。当点位移(或者,单元的转角)变大,节点位移和单元变形间的关系也变得非线性。因为结构变形后不能满足平衡方程,所以第二个假定也是不正确的。随着单元转角继续变大,第二个假定也会更加不正确。

真实的大位移分析考虑了两种非线性。*P-Δ* 效应仍然使用假定(1),但考虑变形后的平衡(实际上不够准确,但不是临界状态),考虑了这些效应的简单杆件的不同行为,如图 6.5 所示。

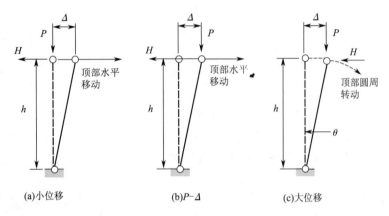

图 6.5　不同理论下简单杆件的行为

假定杆件轴向变形忽略不计,图 6.5 中三个特点如下:

(1)小位移理论:①杆件顶部水平移动(几何小位移),据此可知杆件伸长量为 0;②考虑未变形位置的平衡,即所有 Δ 值引起水平力 $H = 0$(考虑杆底部弯矩)。

(2)*P-Δ* 理论:①杆件顶部水平移动,杆件伸长量为 0(几何小位移);②考虑变形位置平衡,水平力 $H = P\Delta / h$。

(3)大位移理论:①杆件顶部沿弧形运动,即水平和竖向都移动,杆伸长为 0;②考虑变形位置处的平衡,水平力 $H = P\Delta / (h\cos\theta)$。

上述理论的不同之处:*P-Δ* 理论和真实大位移理论得到的水平力 *H* 更大(结构侧移较大),*P-Δ* 理论得出 $H = 0.05V$,大位移理论得出 $H = 0.050\,06V$,两者差异可以忽略不计。对于 $\Delta / h = 0.05$,在图 6.5(c)中杆件上部的竖向位移是 $0.00125h$;而 *P-Δ* 理论得出为 0,这显然不是误差。但结构采用 *P-Δ* 理论可以得到足够精确的解。考虑如图 6.6 所示的简单杆件结构。

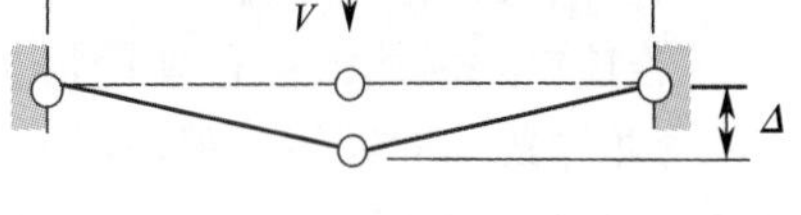

对于该结构,小位移理论认为结构刚度为零,因为理论得出杆件随着挠度的增加而无伸长,因此无轴力,且对应所有挠度的竖向力 *V* 为 0。若杆件初始力为 0,*P-Δ* 理论认为竖向力 *V* 必须为 0,则可以得出杆件的伸长为 0。

图 6.6　*P-Δ* 理论不精确的情况

大位移理论得出杆件伸长,随着挠度增加而伸长也继续变大。若初始力为杆件拉力 *P*,*P-Δ*

理论得出拉力不变，拉力和双向位移是线性关系 $V = 2P\Delta/L$。两个杆件的几何或初始应力刚度等于 $2P/L$。大位移理论可以准确得出初始刚度为 $2P/L$ 且持续增加的刚度。

大多数结构遭受地震后，行为更接近图 6.5 而不是图 6.6。因此 $P\text{-}\Delta$ 理论可以很好地解释结构行为，比大位移理论应用更简单，且计算量更小。

6.6.2　$P\text{-}\delta$ 效应

竖向和水平荷载的悬臂柱如图 6.7(a)所示。

若柱仍然是弹性的，则柱变形如图 6.7(a)所示。考虑变形位置的平衡，弯矩图如图 6.7(b)所示(不够准确，若考虑真实的大位移效应，已达到较高精度)。

(1)小位移部分，底部弯矩(小位移理论得到的弯矩)为 Hh；

(2)$P\text{-}\Delta$ 部分，底部弯矩(根据柱子顶部侧向位移)为 $P\Delta$；

(3)$P\text{-}\delta$ 部分，这部分根据柱子长度内弯曲得出。

计算时，考虑弯矩 $P\text{-}\Delta$ 部分最容易，因为它只依赖柱子的整体转动；但考虑 $P\text{-}\delta$ 部分会更困难，因为它依赖柱子弯曲变形(实际上依赖柱子是否屈服或仍然弹性)。

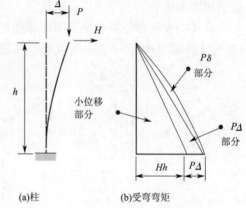

图 6.7　$P\text{-}\Delta$ 和 $P\text{-}\delta$ 效应

在结构分析中，有可能会考虑 $P\text{-}\delta$ 效应。如图 6.7 所示，对于给定的 Δ 与前面一样的 $P\text{-}\Delta$ 弯矩，但 $P\text{-}\delta$ 弯矩现在更小了。若根据柱子弹性变形考虑 $P\text{-}\delta$ 弯矩，则得到的 $P\text{-}\delta$ 弯矩本质上是错的。

1. 是否需要考虑 $P\text{-}\delta$ 效应

若柱或支撑仅在端部形成塑性铰，实际情况 $P\text{-}\delta$ 弯矩不可能会很显著。若柱子刚度足够引起较大弯矩，弹性弯曲变形将会很小，导致 $P\text{-}\delta$ 效应不显著。若柱子足够弹性，且有明显的 $P\text{-}\delta$ 效应，则一般不会产生较大弯矩，且其弹性弯曲变形会再次减小。因此，大多数情况下可以忽略 $P\text{-}\delta$ 效应。$P\text{-}\delta$ 效应导致的变形包括非弹性和弹性变形。

注意，若划分柱单元，即采用两个单元，在其构件中部添加节点，则仅在每个单元内考虑 $P\text{-}\delta$ 效应，$P\text{-}\delta$ 效应很可能不太显著。中点位移有关的效应即 $P\text{-}\Delta$ 效应。增加额外的节点和单元，将 $P\text{-}\delta$ 效应转换成 $P\text{-}\Delta$ 效应，是考虑 $P\text{-}\delta$ 效应的一种方法。

2. 轴向弯曲缩短

像柱子弯曲，端部之间距离略有缩短，因为柱弯曲后的长度比柱竖直的长度略长，即几何非线性效应，与 $P\text{-}\delta$ 效应类似的大位移情况。$P\text{-}\delta$ 效应考虑 $P\text{-}\delta$ 弯矩，而忽略轴向缩短对弯矩的影响，但大位移理论都考虑了。可以考虑弯曲轴向缩短的影响，但使得分析更为复杂。

若柱单元使用大位移理论模拟，则考虑了轴向变形的二阶效应，那么如简单杆件例子所示，弯曲导致轴向缩短。但没必要同时考虑两种效应。可以选择考虑这种杆效应而忽略弯曲效应，相当于忽略了 $P\text{-}\delta$ 效应。可以通过在构件长度范围内增加节点，将 $P\text{-}\delta$ 效应转换成 $P\text{-}\Delta$ 效应，将轴向弯曲缩短的影响转换成杆效应。

6.6.3　对柱强度的影响

图 6.7 也解释了 P-Δ 效应降低了柱强度的原因。令塑性铰的弯矩能力为 M，大小不变且不受 P-Δ 效应影响。若使用小位移理论，当 $M = Hh$ 时柱出现塑性铰，估算柱子水平力为 $H = M/h$；若考虑 P-Δ 效应，则当 $M = Hh + P\Delta$ 时柱出现塑性铰，推算出柱子水平力为 $H = (M - P\Delta)/h$。

6.6.4　PERFORM-3D 选项

当前版本的 PERFORM-3D 没有考虑 P-δ 效应（例如，没有考虑柱单元和支撑单元全长度范围内的几何非线性）。因此，若使用单独的单元去模拟支撑构件，PERFORM-3D 将无法模拟沿构件长度的屈曲，但可以将屈曲的支撑分成很多段的短单元来模拟，且不考虑这些单元的 P-δ 效应。

此类型的屈曲对单元中初始屈曲很敏感，所以需要特别使单元在初始时屈曲。建议若考虑这种行为，则最好先用小型结构进行尝试，以确保得出想要的结果。

模拟屈曲杆件更简单的方法是使用屈曲钢材料。

第 7 章　辅 助 定 义

7.1　定义荷载模式

定义荷载包括两步：在 **Modeling** 模块，定义荷载模式；在 **Analysis** 模块，通过联合荷载模式和其他数据定义荷载工况。以下内容主要介绍怎样定义荷载模式。

7.1.1　荷载模式类型和限制

荷载模式用来定义静力分析工况。有三种荷载模式，即节点荷载模式、单元荷载模式和自重荷载模式。

节点荷载沿着 H、V 或 R 直接作用在节点上。

单元荷载模式比较复杂。原则上，单元荷载模式包括各种荷载，也包括分布荷载、点荷载和温度膨胀效应，作用在不同类型单元上。在当前版本的 PERFORM-3D 中只考虑某些类型的单元荷载，包括梁柱单元的重力(竖向)荷载和杆件单元温度膨胀效应。

自重荷载模式使用组件自重和单元长度或面积，自动计算节点的重力荷载。

节点荷载模式一般用于重力工况或Pushover工况。重力只考虑竖向荷载，并且 Pushover 荷载一般是水平荷载。而在 PERFORM-3D 中不能同时定义水平和竖向节点荷载模式。

节点荷载模式也用于动力荷载工况。

7.1.2　节点荷载模式

为了定义节点荷载模式，选择 **Modeling phase** 建模阶段和 **Load Patterns** 模块，然后选择 **Nodal Loads** 标签。

点击 **New** 定义新荷载模式，选择节点，输入荷载数据，如图 7.1 所示。

可以在任意时刻检查、添加、删除或改变节点荷载，也可以删掉全部荷载模式。

7.1.3　单元荷载模式

为了定义单元荷载模式，选择 **Modeling phase** 建模阶段和 **Load Patterns** 模块，然后选择 **Element Loads** 标签，如图 7.2 所示。

点击 **New** 输入名称，定义新荷载模式。定义单元荷载模式，最好使用 **Frame** 模块来显示框架，步骤如下：

(1)从表单选择单元组。

(2)在单元组内定义单元子集，子集所有单元的荷载相同。而另一个极限状态是每个单元的荷载不同，则每个子集只由一个单元组成。一般单元组会包含多个子集，而每个子集又包含多个单元。为了定义子集，选择 **Loaded Elems** 标签和 **Define new subgroup** 选项，然后按下面步骤定义子集。

①没有赋予子集单元显示为蓝色。若为当前子集选择了单元，则单元会显示为绿色；若要取消选择单元，则再次点击该单元。

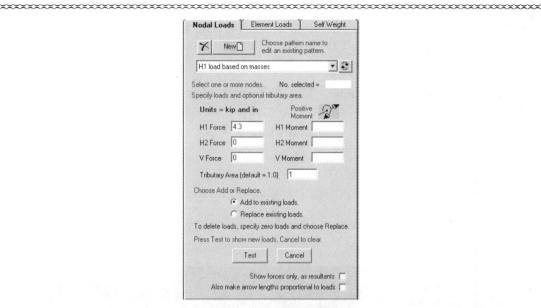

图 7.1 定义节点荷载模式

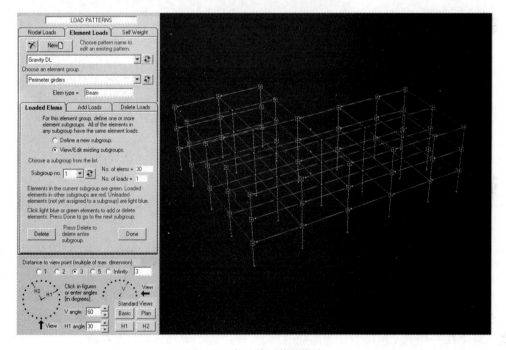

图 7.2 定义单元荷载模式

②当子集完成,点击 **Done**。

定义完子集后,然后通过步骤①和②定义其他子集,也可以定义单元荷载或返回增加更多子集。若要定义单元荷载,则进行下面的步骤(3)。可以通过增加或删掉单元改变任何子集。

(3)增加单元荷载,选择 **Add Loads** 标签,步骤如下。

①从表中选择子集数。子集中单元会显示绿色。"**No. of elems**"窗口显示了子集中单元的数量,"**No. of loads**"窗口显示了子集中定义荷载组件的数量。若定义了荷载,则可以在浮

出的窗口显示出来。若模型变暗,则可拖动(点击、按住或拖动,然后释放)。

②从表中选择荷载类型,表格中图形显示了所需数据。

③输入所需的数据。

若使用更多荷载组件,那么重复步骤①、②和③。通过选择子集数量来修改子集,也可以返回 **Loaded Elems** 标签定义新子集。尽可能多地使用单元组考虑荷载模式,重复步骤(1)、(2)和(3)。选择包含荷载模式单元 **Loaded Elems** 和 **View/Edit existing subgroups** 选项来检查、添加或删除子集。

7.1.4 自重荷载模式

选择 **Modeling phase** 建模阶段和 **Load Patterns** 模块,然后选择 **Self Weight** 标签,如图 7.3 所示。

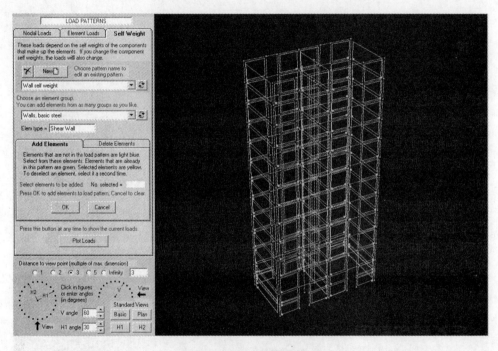

图 7.3　定义自重荷载模式

点击 **New** 输入名称,定义新的荷载模式。选择考虑自重荷载模式的单元,定义自重荷载模式。可以在一些单元组中添加想添加的单元,提供这些单元施加自重荷载。

选择 **Add Elements** 标签来增加单元,选择 **Delete Elements** 标签可以删除单元。两节点单元自重使用在 I 端和 J 端的节点荷载,每端各半。四节点荷载使用 I、J、K 和 L 角部节点荷载。对于矩形单元,每个占四分之一的自重。对于不是矩形单元,自重沿着节点按合理的方式分布。

通过点击 **Plot Loads** 显示任何时候的计算荷载,如图 7.4 所示。若改变了单元自重,则计算的荷载也会改变。对于结构分析,在分析时使用组件自重来得到考虑单元自重荷载。

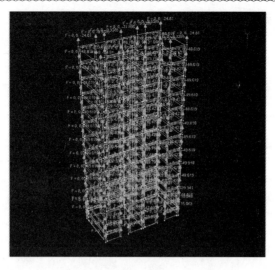

图 7.4 **Plot Loads** 显示自重荷载

7.2 定义剖切截面

剖切截面是结构整体或部分的剖切。

剖切截面计算得到的力可以用来评价结构性能。例如,框架-核心筒结构有外框架和核心筒结构这两个抗侧力系统,所以需要知道框架和核心筒剪力墙分别承担多少楼层剪力,检验是否满足《高层建筑混凝土结构技术规程》(JGJ 3—2010)第 9.1.11 条对这种结构体系楼层剪力的规定。通过对结构进行剖切,根据剖切截面算得的力便可知框架和核心筒是如何分担楼层剪力的。

在高层剪力墙结构中,墙可以发生弯曲非弹性行为,但希望墙在剪切作用下仍保持弹性。由于应力集中,可以检查在不同墙单元或其他墙单元截面的剪切强度,这将更好地检查整体而不是每个墙单元截面的强度。可以通过定义墙的剖切截面和赋予这些截面剪切强度来实现。

可以画出高层剪力墙在不同高度的弯矩和剪力图形,并通过定义剖切截面得出这些截面的力。

7.2.1 概 念

通过剖切单元来定义剖切截面,但只能在单元端部剖切。为了定义剖切截面,必须选择剖切的单元和剖切的位置(对于 2 节点单元,可以是 I 或 J 端;而 4 节点单元,可以是边 IJ、KL、IK 或 JL)。

框架结构同一楼层的两个截面如图 7.5(a)所示。对于截面 A,单元剖切的位置(显示为矩形)在每层顶部,截面 B 剖切位置在每层的底部。

为了得到截面力,分离单元,分析剖切端受力。剖切单元的力和弯矩传递到如图 7.5(b)、(c)所示中的截面。截面 H1、H2 和 V 的力和弯矩分别等于单元 H1、H2 和 V 的力和弯矩。

7.2.2 定义剖切截面的操作

选择 **Modeling phase** 建模阶段和 **Structure Sections** 模块定义剖切截面,选择 **Define**

Sections标签,如图 7.6 所示。

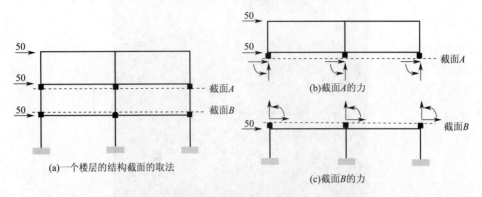

图 7.5　剖切截面的力

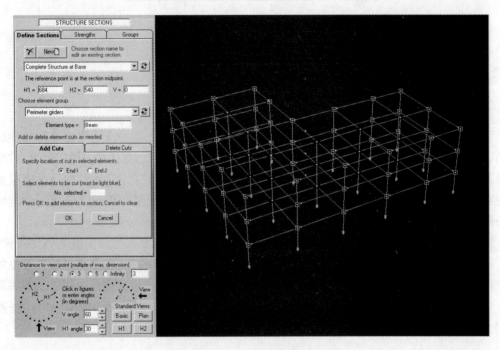

图 7.6　定义剖切截面

点击 **New** 输入截面名称定义新的截面,步骤如下:

(1)从表中选择单元组,单元组中不剖切的单元显示为白色,剖切的单元显示红色,剖切端部由矩形标出。

(2)选择 **Add Cuts** 标签。

(3)选择 *I* 端或 *J* 端,依赖直接剖切位置。对于 4 节点单元,端部 *I* 在单元 *IJ* 边,*J* 端在单元 *KL* 边。

(4)选择新单元来剖切,使用单击或者框选。选择单元显示黄色,剖切端部显示绿色。

(5)点击 **OK** 来给截面增加新剖切,点击 **Cancel** 来清除所选单元。

(6)对组中多数需要剖切的单元,重复步骤(1)。

删除单元剖切,选择 **Delete Cuts**,选择剖切的单元,删除剖切截面,点击 **OK**。

也可以改变已有剖切截面,增加或删除单元剖切,删除全部剖切截面。

7.2.3　墙截面剪切强度

剪力墙核心筒平面如图 7.7 所示。

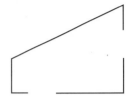

假设墙在剪切作用下基本保持弹性。墙有四个边,每边都有一个墙单元。检查每边的剪切强度的步骤如下:

图 7.7　剪力墙核心筒平面图

(1)计算墙截面剪切强度,考虑混凝土和钢筋的贡献。整体墙的强度、每单位长度的强度、每单位面积的强度,这些不同强度,随着配筋率不同而不同。

(2)选择 **Component Properties** 模块和 **Materials** 标签,每种强度定义一个"**Elastic Shear Material for Walls**"材料。使用材料来定义剪力墙复合组件的属性和结构截面的强度。可以定义基于轴向应力的剪切强度。若计算了每单位面积的剪切强度,则材料强度为一组应力,墙体强度等于材料强度乘以墙的有效面积,有效面积在步骤(4)中定义。若计算每单位长度的剪切强度,则墙的"面积"是步骤(4)中定义的有效长度。若计算了整片墙的剪切强度,则墙的面积在步骤(4)是 1.0。

(3)使用 **Structure Sections** 模块和 **Define Sections** 标签,墙每边定义一个框架截面,可以检查每层(全部楼层)剪切强度。也可以定义每层整体墙的剖切截面。不能定义整体墙的截面强度,但可以画出墙的弯矩和剪力图来。

(4)使用 **Structure Sections** 模块和 **Strengths** 标签,在需监测强度的截面定义剪切强度,并通过选择截面及相关弹性剪切材料实现,如图 7.8 所示。

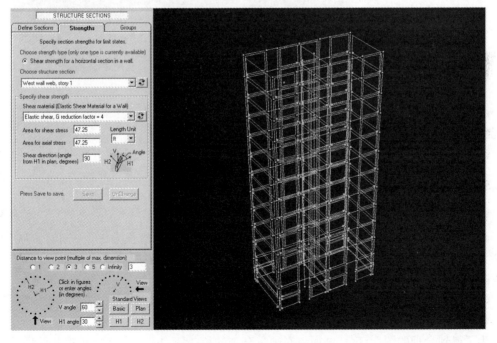

图 7.8　定义墙截面剪切强度

必须定义截面面积,可能是真实面积、剪切强度截面的长度或者单位值,如步骤(2)所述。注意保持单位一致。

7.2.4　剖切截面组和强度极限状态

剖切截面的强度极限状态不是定义在各自的截面中而是集中在一组剖切截面中（与单元组定义单元极限状态一样），步骤如下：

(1)使用 **Structure Sections** 模块和 **Groups** 标签，用组管理剖切截面，如图 7.9 所示。可以将所有截面放在一个组中，但是用多个组更方便。如图 7.7 所示的剪力墙核心筒，可以在不同层定义剖切截面（也可以在全部楼层），每边墙的截面或者每个楼层的墙体，最好定义 5 个剖切截面组，每边一个，整体一个。当定义剖切截面后，则可以绘出弯矩和剪力图。

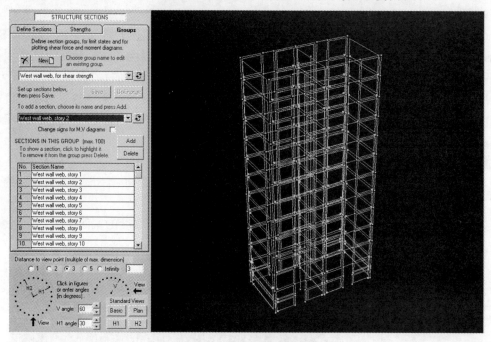

图 7.9　定义剖切截面组

(2)使用 **Limit States** 模块（见第 7.4 节），定义一个或多个 **Struct Sectn** 极限状态，与基于单元组的单元强度极限状态一样。

计算所有剖切截面极限状态的使用比，在使用比图中与其他极限状态显示方式一样。

7.2.5　弯矩、剪力和需求能力比图

1. 操作

画出剪力墙的弯矩图和剪力图是十分有用的。图形能显示沿着墙高度不同剪切强度的需求能力比，因为剪切强度极限状态的使用比给出了最糟剖切截面的需求能力比。若画出沿墙高度的不同需求能力比，则可以看出哪片墙受力较大，操作如下：

(1)使用 **Moment and Shear Diagrams** 模块和 **Section Group** 标签。

(2)选择结果类型和是否画出时程包络图。点击 **Plot** 开始画图。

为了得到合理的图形，剖切截面组必须是合理的组。例如沿墙高度的平面串联截面，组中不包括每个平面的多种截面，否则画出的图形将会很奇怪。这个平面与剪力墙的平面截面相似。例如，可以剖切框架结构的水平截面并绘出层剪力、弯矩包络和时程曲线。当前弯矩和剪力显示为水平轴的图形，沿着竖向轴的截面组也如此。

2. 保存需求能力比到文档

在画出需求能力比包络图后,可以保存这些值到文档。点击"save these results to a file"键,保存需求能力比。当前可以保存需求能力比包络值。

大多数应用在多种地震分析中,可以得到最大的需求能力比。每次可以保存分析的文档文件(且可能是多个剖切截面组),然后使用电子表格处理这些结果。

3. 符号和反号

对于剖切截面,剖切的单元被分离后,截面力出现在截面上。若用剖切楼层的底部单元来定义水平截面,则在剖切面上的这些单元被分离。因此,截面压力对应向下的力,若剖切楼层顶部的单元,则在剖切面下的这些单元被分离,截面压力是向上的力。

一般地,剖切截面组的类型相同,剖切在楼层底部或是在楼层顶部。有时也可以将不同类型截面放在一个组。例如,可能在每层底部剖切,直到顶层,然后在楼层的顶部剖切。为了得到正确的弯矩和剪力图,这种情况下,必须改变力的符号,当在剖切截面组中增加截面时,检查"Change signs for M, V diagrams"窗口。若忘记了检查窗口,则删掉组中截面,然后重新增加到检查的窗口。

7.3　定义侧移和扰度

水平侧移用来衡量侧向荷载引起的变形。竖向侧移能用来衡量大跨结构的变形。必须至少定义一个侧移作为分析模块的参考侧移。

7.3.1　侧　　移

1. 简单侧移

简单侧移是结构中一个点的水平位移关系到正下方的点,由点之间的高度分开(即,在PERFORM-3D 中,侧移是忽略尺寸的侧移比)。若上部点是建筑的屋顶,下部点在地面上,则侧移值是建筑高度除以屋顶位移,即所有楼层的平均侧移总和;若上部点在楼板上,而下部点在下面楼板上,则这个侧移是层间位移角。注意侧移值 0.02 表示 2%的侧移。

2. 扭曲侧移

在某些框架结构中,框架不同的跨有不同的有效侧移,如图 7.10 所示。在这种情况下,楼层最大剪切变形明显比简单侧移要大。可以使用扭曲侧移来考虑这种情况,每个侧移定义四节点。这个侧移大小就是剪切变形(弧度制)。

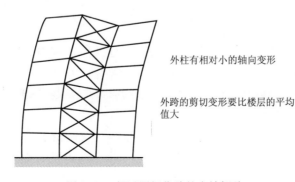

外柱有相对小的轴向变形

外跨的剪切变形要比楼层的平均值大

图 7.10　超过层间位移的有效侧移

3. 定义侧移操作

为定义一个或多个侧移,选择 **Modeling phase** 建模阶段和 **Drifts and Deflections** 模块,然后点击 **Drifts** 标签,如图 7.11 所示。

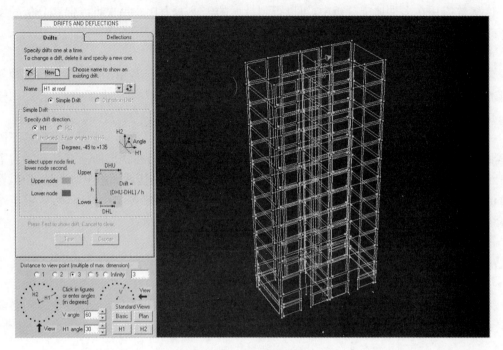

图 7.11   定义顶层侧移

侧移由名称区别,名称最多可输入 20 个字节。点击 **New** 输入侧移名称定义新的侧移。然后选择 **Simple Drift** 或 **Distortion Drift** 选项。对于简单侧移,选择侧移方向,选择上部点和下部点,点击 **Test** 来显示侧移。对于扭曲侧移,连续选择四个节点,点击 **Test** 来显示侧移。一旦定义了侧移,就不能对其改变,想要改变则必须删掉已有侧移或者用新侧移替换。

4. 参考侧移

必须至少定义一个侧移,用来作为分析模块的参考侧移。它必须是简单侧移,一般用屋顶上部点和地面下部点形成的侧移。这个侧移值是所有楼层的平均侧移。屋顶位移为侧移值乘以结构高度。必须定义另一个侧移,可以每一层一个,用在侧移极限状态或用在 Pushover 分析中作为控制侧移。

7.3.2 挠   度

为了定义一个或多个挠度,选择 **Modeling phase** 建模阶段和 **Drifts and Deflections** 模块,然后选择 **Deflections** 标签。

挠度是节点 V 方向位移(有挠度的节点)关系到第二个节点(参考节点)。这个参考节点不必有支座。挠度有长度单位。

挠度由名称区别,最大字节为 20 个字节。点击 **New** 输入挠度名称定义新挠度。然后选择节点,点击 **OK** 保存挠度。一旦定义了挠度,就不能改变,如要改变则必须删掉已有挠度或者用新的挠度替换掉。

7.4 定义极限状态和使用比

非线性分析可以得到大量的分析结果。若定义了极限状态,则可以通过极限状态提取结果,得到帮助判断结构是否满足性能需求的使用比。

7.4.1 极限状态类型

极限状态的类型如下:

(1)基于非弹性组件变形能力定义变形极限状态。

(2)基于弹性组件和强度截面定义强度极限状态。

(3)基于侧移定义侧移极限状态。

(4)基于挠度定义挠度极限状态。

(5)基于剖切截面定义剖切截面极限状态。

极限状态由名称区别。选择 **Modeling phase** 建模阶段和 **Limit States** 模块,然后选择极限状态类型,点击 **New** 输入极限状态名称,定义以上截面的极限状态,如图 7.12 所示。可以任意对已有极限状态编辑,也能删除。

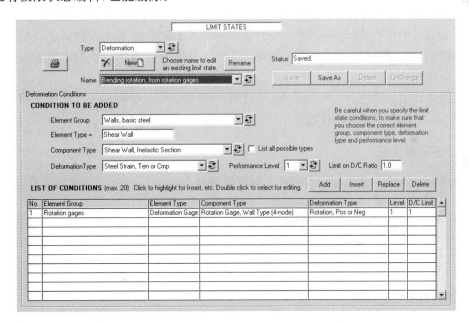

图 7.12 定义极限状态

7.4.2 变形极限状态

变形极限状态由一些变形状态组成,具体如下:

(1)**Element group**。选择单元组表单,状态应用到组中所有单元,这也是为什么要将单元分为不同单元组的原因。

(2)**Component type**。从组件表单选择组件,默认的表单必须至少包含一个已定义的组件。若没有某类型的组件,则该类型组件名称也不会在表单中。若要列出单元组中所有组件,

则可以使用 **List all possible types** 来实现；随后也可以增加组件。

　　某些单元由基本组件构成（如简单杆件单元）。单元组中不同单元的组件可能不同（例如，一些杆件单元可能赋予弹性杆件组件，另一些可能赋予非弹性杆件组件）。极限状态只应用于单元组中定义组件属性的单元。若选择组件属性类型而单元组中没有该组件属性的单元，则变形极限状态不会应用于这些单元，而且变形极限状态的需求能力比将会为 0。在定义极限状态时要特别注意，因为 PERFORM-3D 无法检查需求能力比是否正确。

　　其他单元由复合组件构成（如梁单元），单元有更多给定类型的基本组件（如梁单元有多种铰组件）。选择所有组件定义的极限状态。例如，若梁单元在 I 和 J 端定义塑性铰，则需求能力比根据这两个铰中较大的值来确定。

　　(3)**Deformation Type**。从 **Deformation Type** 表单选择。组件一般只有一个变形，但变形可正可负。可以只考虑正向变形或只考虑负向变形，也可以都考虑。

　　(4)**Performance Level**。从 **Performance Level** 表单选择。水准从 1~5，已定义组件的能力不少于 5 个水准。若选择水准 4，而无组件达到水准 4 的能力，则性能状态也不会应用于任何单元。PERFORM-3D 无法自动检查定义的水准是否合适。

　　(5)**Limit on the Demand-capacity Ratio**。输入数值，一般为 1.0（对于选择的性能水准，当需求等于能力使用比为 1.0），也可以定义其他的值。例如，定义组件属性时，假设定义了变形能力为 0.01，则表示极限状态为能力增加了 20%，变形能力达到了 0.012，而使用比为 1.2。

　　在结构分析的任意步，组件的需求能力比用来计算不同性能水准下的需求。极限状态使用比是最糟组件的需求能力比，由需求能力比评价。整体的极限状态使用比是结构最糟情况下的最大使用比。

　　增加极限状态的情况，点击 **Add**。也可以插入、替换和删除极限状态的情况。当定义了所有情况，则点击 **Save** 保存极限状态。

7.4.3　强度极限状态

　　强度极限状态由一些强度状态组成。强度极限状态定义的属性与变形极限状态相同，不同之处如下：

　　(1)组件可以是基本组件或强度截面。

　　(2)可以选择强度类型取代组件变形类型。

　　(3)强度能力等于名义强度乘以所选择水准的能力系数。

7.4.4　侧移极限状态

　　按以下步骤定义侧移极限状态：

　　(1)正向侧移极限。

　　(2)负向侧移极限，一般正负向侧移是一样的。

　　(3)侧移组，包括所有侧移或选择的侧移。定义正负向侧移，选择 **All drifts** 或 **Highlighted drifts**。

7.4.5　挠度极限状态

　　挠度极限状态与侧移极限状态类似，不同之处在于极限挠度和挠度组与侧移极限状态。极限挠度有长度单位，但无量纲。

7.4.6　剖切截面极限状态

剖切截面极限状态与强度极限状态类似，不同之处如下：

（1）选择剖切截面组来取代单元组，必须在 **Structure Sections** 模块定义强度截面。

（2）只选择强度类型，而不是组件类型和强度类型。当前可以使用的强度类型为剪切强度。必须在 **Structure Sections** 模块定义一些剪切强度剖切截面。

7.4.7　极限状态组

在 **Modeling phase** 建模阶段定义极限状态。大部分结构需要定义不同水准和极限状态，因此需要采用使用比。在 **Analysis phase** 分析阶段可以通过管理极限状态组来显示使用比。

一般根据性能水准来管理。例如，若定义了临时居住、生命安全和防止倒塌水准的极限状态，则可以在一个极限状态组中都使用临时居住，而在另一个极限状态组中采用生命安全状态，在第三个极限状态中使用防止倒塌。

极限状态组由名称区别。点击 **Analysis phase** 分析阶段和 **Limit State Groups** 模块，点击 **New** 输入极限状态组的名称，使用类型和名称表单来选择极限状态。当选择了极限状态，点击 **Save** 来保存极限状态组。

可以在任意时刻编辑极限状态组。也可以删掉已有极限状态组，或对已有极限状态组进行编辑，但应注意状态栏。若改变了极限状态，则分析模型也会跟着改变，所以必须重新运行分析。若添加或改变极限状态组，则不需重新运行分析。

第8章 荷载工况和施加

8.1 重力荷载工况

可以定义或保存一些重力荷载工况,使用荷载工况来运行结构分析。

本节将介绍怎样定义重力荷载工况,对于怎样使用荷载工况,参见第9.1节。

8.1.1 重力荷载

重力荷载工况有节点、单元或自重荷载类型,一般为竖向向下的荷载。重力荷载工况为水平荷载时,PERFORM-3D会显示警告。

为了定义荷载工况,必须选择荷载模式和定义比例系数,也必须定义分析是线性的还是非线性的。

在大多数情况下,希望结构在重力荷载作用下仍然是线性和弹性的,所以需要定义线性分析。在重力荷载下仍然是弹性的,但一些结构会有非线性行为。例如,缝会闭合或混凝土纤维的剪力墙会开裂。在这种情况下,必须定义非线性分析。若定义了线性分析而仍然有非线性行为,则在分析中可能会显示警告。此时改变分析选项为非线性分析,然后重新运行分析。

一般在结构上应用真实的重力荷载。但是根据需要,可以使用在结构屈服变形之前施加重力荷载。例如,得到结构重力荷载能力。在这种情况下,必须选择非线性分析,定义超过结构强度的荷载。

8.1.2 操作过程

1. 定义重力荷载工况的步骤

(1)开始新的重力荷载,点击 **Analysis phase** 建模阶段和 **Load Cases** 模块,如图8.1所示。在荷载工况表单选择重力荷载类型,点击 **New**,然后输入荷载工况名称。

(2)选择线性或非线性分析方法选项。若选择非线性分析,则应完成非线性分析控制信息:①荷载步数;②在每步中最大非线性事件;③是否使用相等步或者把初始步作为第一事件,然后使用相等步。

(3)定义荷载模式和比例系数,使用 **Add**、**Insert**、**Replace** 和 **Delete** 来定义新荷载模式表单。

(4)定义荷载工况时,点击 **Save** 来保存,也可以使用 **Delete** 删除荷载工况。

使用 **Save**、**Save As** 和 **UnChange** 来编辑保存荷载工况。

2. 荷载步数

对于非线性分析,只有荷载步,可以使用真实重力荷载,并且可以定义一个荷载步。可以施加重力荷载直到结构倒塌,合理的荷载步数为50,分析结果会在每步结束时保存。为了显示分析结构,在倒塌荷载分析中,50步可以得到合适的数据点。

3. 最大事件数

在 PERFORM-3D 使用了逐事件的解决方法,这时结构属性重新分布,是非线性事件,刚度会发生变化。程序会自动分配荷载步到一些子步骤,每步是一个新子步。若事件数量超出了定义的最大限制,则分析停止。

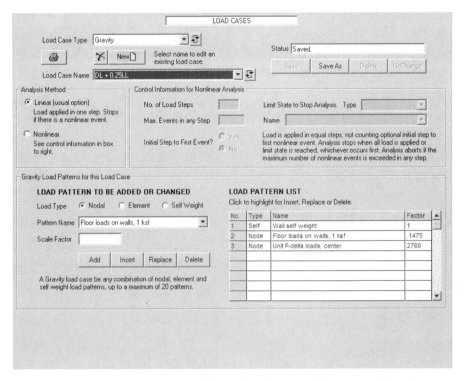

图 8.1　定义重力荷载工况

若在任意荷载步发生了大量的事件,则表明分析不稳定,此时,最好的办法是停止分析。而对于含有大量非线性组件的大型结构,每个荷载步会发生大量的真实事件,因此不希望分析过早停止。

对于中等规模的结构,合理的分析事件数量最大值最好为 200。

重力荷载分析停止是因为达到了荷载步的事件最大值,说明存在异常。若没有使用定义的荷载,则前面的荷载工况是不能继续进行 Pushover 或地震荷载工况;但仍然可以处理分析结果,因为至少有一个荷载步分析完成了。

4. 初始步为第一非线性事件

在一般结构中,直到大量可以使结构倒塌的荷载作用在结构上面,结构才开始屈服(称为第一屈服)。在这种情况下,假定结构在初始第一步发生第一屈服,而不是在第一屈服前采用一些线性荷载步。一般地,选择 **Yes** 选项,则假定结构在达到第一屈服前发生明显的非线性行为,若不选择 **Yes** 选项则假定结构初始步为线性行为。

在大多实际工程中,第一屈服的 $P\text{-}\Delta$ 效应是很小的。然而,考虑 $P\text{-}\Delta$ 效应的分析,可以选择 **No** 选项更安全。

若切换另一个选项,注意荷载步骤大小会改变。例如,若第一屈服点荷载为总重力荷载的 40%(第一屈服点的荷载参数为 0.4),定义 50 步,选择 **Yes** 选项,则表示第一次 40% 荷载作用在第一步,剩下的 60% 荷载作用在 50 个相等步中。若选择 **No** 选项,对于 50 个相等步,20 步才能到第一屈服,剩下的 60% 荷载则作用在后面的 30 步。

5. 分析极限状态

在非线性分析中,结构会严重变形达到一个极限状态,而不能继续计算分析。可以通过定义与这种严重变形相应的极限状态使分析停止,即分析极限状态。

定义分析极限状态,从下拉列表中选择极限状态类型和名称。

若不定义分析极限状态,将会使用默认的分析状态。由于重力荷载,默认的当非弹性组件超过了其 U 点变形,则分析停止,基于这样的假定,因此施加在构件上的真实重力荷载不应该很大以致超过其极限强度。

重力荷载分析可以采用真实重力荷载,期望结构仍然基本保持线性。若发生较大屈服,则采用较大荷载是错误的。若重力荷载分析停止,则因为达到了分析极限状态,异常退出分析。荷载工况不能用作较大 Pushover 或动力地震工况的前期荷载工况。若至少一个荷载步完成了,则仍然可以得到分析结果。

8.2 Pushover 荷载工况

可以定义一些静力 Pushover 荷载工况,然后使用这些荷载工况进行 Pushover 分析。本节介绍了如何定义 Pushover 荷载工况。

8.2.1 Pushover 荷载

1. 荷载分布和大小

进行静力 Pushover 分析,必须定义沿结构高度水平荷载分布。在当前版本的 PERFORM-3D 中只允许固定的分布,不能考虑与侧移形状相应的荷载分布。可以根据节点荷载模式来定义荷载分布,或者根据结构质量和侧移形状来定义荷载。

当定义静力 Pushover 荷载工况,只需关心荷载分布和方向而不用担心荷载大小。对于 Pushover 分析中的荷载步,结构变形等于侧移增量,PERFORM-3D 计算每步需要的荷载增量。每步的荷载增量一般比结构屈服的要小,若结构有强度损失或因 $P\text{-}\Delta$ 效应变得不稳定后,则荷载增量可能会是负的。

2. 荷载分布的选择

Pushover 分析的最大难题之一是选择 Pushover 荷载分布。在真实地震中,结构有效荷载大小、分布和方向是不断改变的,因此沿结构高度的楼层剪力分布也随着时间变化,特别是高层建筑,高阶振动形状有显著影响。在静力 Pushover 分析中荷载分布和方向是固定的,只有大小发生变化,所以楼层剪力分布恒定。为了考虑不同楼层剪力分布,有必要考虑不同的荷载分布。

在 FEMA 356 中的选项是使用沿建筑高度均匀分布和三角形分布。注意均匀分布一般对应于沿结构高度均匀分布的加速度,因此每层水平的荷载与楼层的质量成比例。相似地,三角形分布一般对应于沿结构高度线性增加的加速度。

PERFORM-3D 对于 Pushover 荷载有如下选项:

(1)根据节点荷载模式的荷载分布。

(2)根据质量定义沿结构高度的位移(加速度)变化,如线性和三角形变化。

(3)基于结构质量和振型形状的荷载分布。

3. 根据振型的荷载分布

荷载可以根据结构振型形状分布。二维结构的情况,可以延伸到三维结构。

对于低层结构,结构反应主要根据第一振型反应确定,荷载分布根据结构第一振型形状确定。对于有明显二阶振型反应的结构,可能的方法是定义以下三个荷载分布(需要三个Pushover分析)。

(1)振型 1。使用基于振型 1 的荷载分布。

(2)振型 1+振型 2。使用基于振型 1 和振型 2 的荷载分布,定义振型 2 的符号使得振型 1和振型 2 基底剪力是相同方向;相比仅考虑振型 1 的情况低层的楼层剪力更大,而上部楼层的剪力更小。

(3)振型 1-振型 2。使用基于振型 1 和振型 2 的荷载分布,使用基于相反方向剪力的振型 1 和振型 2;相比仅考虑振型 1 的情况低层的楼层剪力更小,上部楼层的剪力更大。

8.2.2　操作过程

1. 步骤

定义新的 Pushover 荷载工况,选择 **Analysis phase** 建模阶段和 **Load Cases** 模块。在荷载工况表格中选择静力 Pushover 作为荷载工况类型,点击 **New** 输入荷载工况名称,如图 8.2所示。

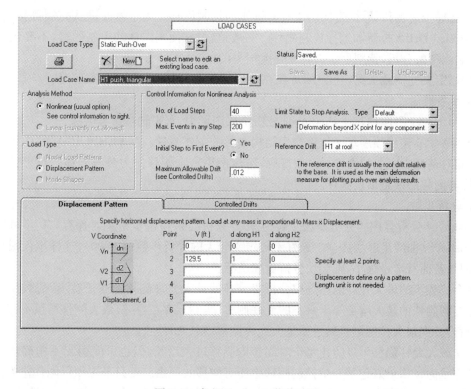

图 8.2　定义 Pushover 荷载工况

具体步骤如下:

(1)选择分析方法选项,当前版本必须是非线性分析。

(2)完成非线性分析的控制信息,必须定义以下内容:①荷载步数量;②每步允许最大非线性事件数量;③是否使用相等步,或初始步为第一事件然后相等步;④最大允许侧移;⑤停止分析的极限状态;⑥参考侧移。

(3)选择荷载选项(根据节点荷载模式、振型形状或位移类型)。

1)若荷载类型基于节点荷载模式,则定义荷载模式和参数。在+H1 方向定义参数确定+H1 荷载,在−H1 方向定义−H1 荷载比例系数。对于沿着倾斜的方向,定义荷载工况和给出所需方向力的比例系数。使用 **Add**、**Insert**、**Replace** 和 **Delete** 来编辑荷载类型。Pushover 荷载只考虑水平荷载,所以只能使用没有竖向荷载的荷载模式。

2)若荷载工况类型是基于位移的,则定义沿着结构高度的位移。对于位移类型的 Pushover,选择结构基础和顶层水平面,形成五个水平面。定义每个水平 V 坐标和在轴 H1 及轴 H2 方向的位移。对于均匀位移类型的 Pushover,在基础和顶层水平面定义有相同的水平位移。对于线性模式,定义基础水平位移为 0 和顶层水平位移为 1(或其他一些非零的值)。竖向坐标必须与结构坐标系统和结构长度单位相关,水平位移只与相对值有关,没有单位。对于结构中每种质量,H1 和 H2 水平荷载与 H1 和 H2 方向的位移倍数成比例。

3)若荷载工况类型基于振型形状,则使用振型定义 Pushover 方向,每个振型定义一个比例系数,每个振型有一个基底剪力方向。使用 **Add**、**Insert**、**Replace** 和 **Delete** 编辑振型荷载。Pushover 荷载只考虑水平平动质量,忽视了竖向平动质量;而转动质量不影响 Pushover 荷载。

(4)选择控制侧移,默认为使用所有侧移作为控制侧移。为了修改默认控制侧移,可以点击 **Controlled Drifts** 标签和选择控制侧移。一般地,最好使用默认的控制侧移,不要运行只有一个控制侧移的分析,特别是结构存在强度损失的情况。

(5)当定义完荷载工况,点击 **Save** 保存。也可以点击 **Delete** 删掉荷载工况。

2. 参考侧移

在 Pushover 图形和其他 Pushover 分析结果图形中,水平轴是参考侧移。

FEMA 356 使用顶层水平位移作为结构变形的主要衡量。在 PERFORM-3D 中等效衡量是屋顶相对基础支座点的侧移。一般规则,应该使用这个侧移作为参考侧移。对于目标位移图形,参考侧移必须是顶层侧移。

3. 分析步数

Pushover 分析合理的分析步数一般为 50。分析结果在每步结束时保存,50 步可以得到画出 Pushover 曲线足够的数据。最好不要定义较大的分析步数(如 500),这样不仅浪费计算时间,而且若荷载增量很小,则会使分析更加敏感。

每个荷载步的最大允许侧移是被分析步分开的最大允许侧移。在任意步,荷载步增量使得任意控制侧移的最大增量等于每步的允许侧移(实际上存在容差,最大侧移增量不完全等于每步侧移)。当最大控制侧移超过了最大允许侧移,则分析停止。

定义最大允许侧移可以防止每个时间步内侧移过大增长,但也可能引起不精确或其他问题。这也是为什么最好包括一组控制侧移中所有侧移的原因。若只采用顶层侧移作为控制侧移(只选择一个控制侧移),并且结构有薄弱层,则薄弱层的侧移(非控制的)将会迅速增长,而顶层侧移(控制的)增长较慢(或减小),这会导致结果不精确。

若只选择一个与参考侧移一样的控制侧移,则每个分析步中会有相等的增量。但若选择了一些控制侧移,则参考侧移一般不会等量增长。例如,若参考侧移是顶层侧移,并且结构有薄弱层,而参考侧移无相同增量,则当薄弱层屈服时,参考侧移会较慢增长;而若薄弱层有强度损失或者结构荷载重分布,则控制侧移的增长在某些步中可能会减慢。

每个分析步结束的参考侧移要比最大允许侧移要小,而实际的分析步要比定义的数量多,因为参考侧移不是必须的最大侧移,另外控制侧移不必为所有分析步中的相同侧移。

一般地,建议使用顶层侧移作为参考侧移,并使用一些控制侧移,定义最大侧移而不是实际考虑的最大侧移 50 个荷载步。

4. 最大事件数

在 PERFORM-3D 中使用逐事件解决方法,结构属性是每次重新生成的,是非线性事件(刚度改变)。程序自动将每个分析步分成了一些子步,每个子步一个事件。若每步中的事件(子步)数量超过了定义的最大值,则分析停止。

对于中型结构,在任意分析步中合理的最大事件数大约为 1 000。任意分析步中不可能有很多真实事件,而分析也不可能马上停止,所以若分析变得不稳定,则在分析停止之前不会浪费太多计算时间。

若 Pushover 分析停止,则表示达到了任意荷载步的最大事件数,分析将会异常退出,但是到这点之前的结果依然会被保存起来。

5. 第一时间初始步

一般地,直到结构发生大量侧移,第一屈服才发生,初始步达到第一屈服更有效,然后才有相等的侧移直至达到最大允许侧移,而不是在屈服前就有一些线性步,所以一般选择 **Yes** 选项。

6. 分析极限状态

对于 Pushover 分析,默认的极限状态是非弹性组件达到了 X 点变形则分析停止。

8.2.3　根据振型的荷载

1. 对称结构

若根据振型形状选择荷载,而且使用了多个振型形状,则必须给每个振型定义一个比例系数,比例系数是相对值,因为考虑沿着结构高度荷载分布而不是荷载大小。

对称的三维结构有沿着 H1 和 H2 方向的振型,步骤如下:

(1)计算振型形状和周期,在 Pushover 荷载工况前必须运行分析来计算周期。

(2)检查振型形状和进行判断,对于每个 H1 和 H2 方向,哪个是第一振型而哪个是第二振型。例如,振型 1 和振型 4 可能是 H1 第一和第二振型,而振型 2 和振型 5 可能是 H2 第一和第二振型;可能需要考虑第三振型,忽略扭转振型。

(3)选择设计反应谱是另外的任务,不能在 PERFORM-3D 中实现。重要的是反应谱形状而不是强度。

(4)得出每个振型的振型周期,然后得出反应谱的加速度反应谱,即振型比例系数。

(5)确定 Pushover 方向,一般是 H2。定义与 H2 方向的夹角(为 90°)。

(6)定义在 Pushover 方向的第一振型的振型数量(为 2)及步骤(4)中的比例系数。

(7)根据基底剪力方向选择"+D"。若结构对称;则在 +D 和 -D 方向的 Pushover 分析结果相同。

(8)定义在 Pushover 方向第二振型的振型数量(为 5)和步骤(4)中的比例系数。使振型 1 和振型 2 的基底剪力方向相同,选择"+D",也可以选择"-D"。

(9)对于第三振型,重复步骤(8)。

必须定义与 Pushover 方向夹角的原因:对于对称结构,PERFORM-3D 可以识别方向,振型 1 和振型 2 的基底剪力一般沿着轴 H2。同时,由于结构是对称的,因此必须只考虑 +H2 方向的 Pushover 分析。

2. 非对称结构或对角线方向的 Pushover

必须定义 Pushover 方向的三个原因如下:

(1)对于一般结构,第一和第二振型的基底剪力可能不是同一个方向,因此 Pushover 方向不必由振型的基底剪力推导得出。

(2)在对角线方向进行 Pushover,这与任意特定振型的基底剪力无关,Pushover 方向不必由振型基底剪力推导得出。

(3)不对称的结构可能能有正负不同方向的 Pushover 行为,因此必须定义正向 Pushover。

在一般情况下,计算 Pushover 力可能会更加复杂。在简单结构中,Pushover 方向是 H2,振型只有这个方向的基底剪力,因此每个质量 H2 方向的力都是由以下值得到的:

(1)H2 方向的质量。

(2)单位振型增量的 H2 位移。

(3)H2 方向的地面加速度振型(质量)参与系数。

(4)反应谱的加速度谱的值。

一般规则,在 H1 和 H2 方向都有荷载。对于每种质量 H1 方向的力是由以下值得到的:

(1)H1 方向的质量。

(2)单位振型增量的 H1 位移。

(3)定义 Pushover 方向的地面加速度振型(质量)参与系数。

(4)反应谱的加速度谱的值。

一般地,每个质点都有 H1 和 H2 荷载。对于相同的 H1 和 H2 质量(PERFORM-3D 需要的),合力是沿着 Pushover 方向的,因此合成的基底剪力是沿着 Pushover 方向的。

3. 其他关键点

(1)确保选择沿 Pushover 方向的参考侧移。

(2)确保至少一个沿着 Pushover 方向的控制侧移,否则定义的荷载不会引起任何侧移,分析也将停止。一般最好使用两个方向的控制侧移。

8.3 地震荷载工况

可以定义和保存地震荷载工况,也可以使用这些荷载工况来进行结构分析。

8.3.1 地震荷载

对于动力逐步分析,通过 H1 和 H2 或竖向地面加速度记录来定义地震荷载。经验表明,非线性分析对地面运动相对小的改变是敏感的。因此,一般运行多个地震记录是十分必要的(地面加速度图形)。一般不必考虑竖向地面加速度。

8.3.2 操作过程

1. 步骤

建立新的地震荷载工况,点击 **Analysis phase** 分析阶段和 **Load Cases** 模块。在荷载工况表单中选择 **Dynamic Earthquake as the Load Case** 类型,点击 **New** 输入荷载名称(图 8.3),步骤如下:

(1)若没有定义需要的地震波记录(地面加速度图形),点击 **Add/Review/Delete**

Earthquakes。

（2）完成动力分析的控制信息，必须定义以下内容：①总时间（**Total time**）；②时间步（**Time step**）；③允许任意步中最大非线性事件数量（**Maximum number of nonlinear events allowedin any step**）；④保存结果时间间隔（**Interval for saving result**）；⑤停止分析的极限状态（**A limit state to stop the analysis**）；⑥参考侧移（**The reference drift**）。

PERFORM-3D 使用参考侧移来作为结构反应的总体衡量。一般地，应该使用顶层侧移作为参考侧移。

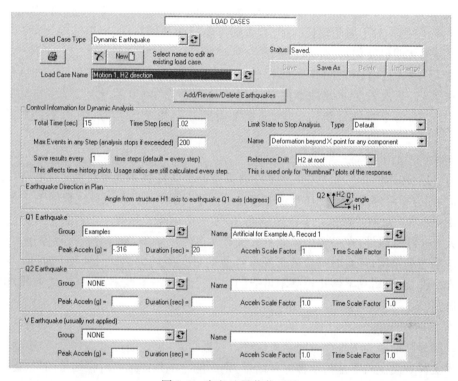

图 8.3 定义地震荷载工况

（3）定义结构 H1 方向与地震波方向的夹角（**Specify the angle from the structure H1 axis to the earthquake Q1 direction**），可以输入水平地震波。

（4）选择 **Q1 Earthquake**，从地震波下拉表中选择一条记录，则峰值加速度和持时会在相应空白格显示数值。可以定义加速度和时间的缩放系数来调整所需的地震加速度记录。时间缩放系数一般取 1.0。在定义系数后，可以画出地震波记录，但必须在运行分析和使用 **Time History** 任务栏，注意比例系数。

（5）相似地选择 **Q2 and V Earthquakes**，无默认的。

（6）点击 **Save** 键来保存荷载工况。在保存之前，要删除荷载工况，可以使用 **Delete** 键。可以在任意时刻编辑已保存的荷载工况，也可以删除已保存的荷载工况。

2. 总时间

总时间就是分析地震波持时，可能比地震波记录要长或短，比记录长的部分，由 0 填补；比记录短的部分，只使用记录的部分。

3. 时间步

分析是按时间进行逐步积分的，使用恒定平均加速度法（梯形积分法或 Newmark $\beta=1/4$

法)。必须定义积分时间步,步数等于总时间除以时间步,直到在地震波结束前分析终止。地震分析时间是连续的,定义尽可能大的时间步。选择时间步,牢记以下两点:

(1)必须得到结构精确反应。对于线性单自由度系统,若时间步比结构周期的1/12还小,则恒定平均加速度法也能得到足够精确的结果来达到大部分实际目标。对于线性多自由度结构,选择时间步的一个方法就是辨别引起较大反应的最高模态,使用等于最高模态周期的1/12作为时间步。若当结构屈服,结构周期增加,但基于线性行为来计算非线性反应的时间步应该是足够短的。

(2)必须精确获得地面运动。例如,若地震记录间隔为 0.02 s,则不应该使用比 0.02 s 更大的时间步;特别是对于周期较长的结构,否则可能扭曲地面运动,所以需要逐渐减小时间步直到分析结果无明显变化。

注意,不能通过增加时间步来保存较长时间的数据。因为 PERFORM-3D 使用逐事件的解决策略,每次发生非线性事件结构就会再次变形(刚度变化)。程序自动将时间步分成多个子步,每个事件是新的子步;而增加时间步不影响子步数,所以不会影响总的计算时间。

4. 最大非线性事件数

如前所述,PERFORM-3D 采用逐事件解决策略。若任意步的事件数(子步)超过了定义的最大值,则分析将停止。若在任意步中存在最大事件数,表明分析会在数值上不稳定,而且 PERFORM-3D 无法解决数值上不稳定的问题,因此希望此时分析停止。而另一方面,大型结构含有大量非线性组件,在一步中可能有大量真实事件,这时不希望分析过早停止。

对于中等的结构,任意时间步的合理事件数的最大值约为 200。在每个时间步不可能有很多真实事件,而分析马上停止也是不可能的。若分析变得不稳定,在分析结束前,也不会浪费计算时间。

5. 保存时间间隔

默认的分析结果会按每个时间步来保存。根据需要,可以通过每 $N(N>1)$ 步保存结果来减少结果文件长度。若不是每步都保存结果,则可能得不到详细的时程结果图形,但这并不影响需求能力比值和使用比。

6. 分析极限状态

对于地震分析,默认的是若任何非弹性组件的变形超过了 X 点,则分析停止。

8.4　动力荷载工况

本节介绍了定义动力荷载工况的操作。动力分析计算结构在变力作用下的结构反应,例如风力或爆炸力。本节也介绍了如何使用动力荷载工况来分析有多点激励的大跨结构地震分析,其中不同支座点有不同的地面运动。这只是间接的方法,是一个临时解决的方法,更好的更直接的方法是使用有初始变形的弹簧支座的强迫动力位移。动力荷载工况也可用于静力强迫位移。

8.4.1　动力分析的目的和操作过程

1. 目的

动力分析计算结构在动力作用下的结构反应,如风力或爆炸力,也可以用于结构有不同地面运动的不同支座的地震分析(有多支座激励的地震分析)。

2. 操作过程

如图 8.4 所示,定义动力荷载的操作如下:

(1)定义节点荷载模式。定义方法与重力荷载或 Pushover 荷载分析完全一样,定义荷载空间分布和节点荷载大小。

(2)定义动力荷载记录。定义荷载随时间变化,荷载记录是真实荷载系数的时程,用于节点荷载模式。定义的方法与地震地面加速度记录一样,但定义的是荷载系数时程而不是地面加速度时程,操作如下:

①定义所需的节点荷载模式。

②定义所需的动力记录。

③定义一个或多个动力荷载工况。更多可以采用 40 个荷载工况,每个有相应的荷载记录;而对于多支点激励的地震分析使用动力荷载工况,最多可以定义 50 个不同的运动。

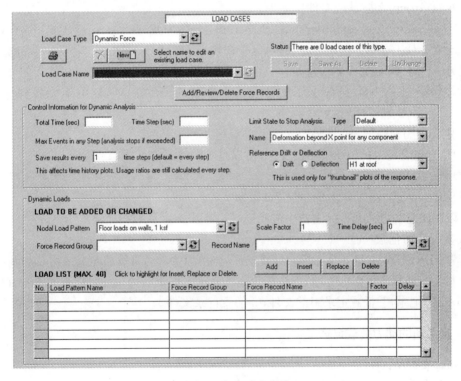

图 8.4　定义动力荷载

8.4.2　动力记录管理

1. RecordsF 文件夹

PERFORM-3D 安装后,默认以下的文件夹。

C:\Program Files\Computers and Structures\PERFORM\PERFORM-3D\Program

在安装过程中可以定义不同的文件夹。

第一次运行 PERFORM-3D 时,程序会自动生成 RecordsF 文件夹(程序自带例子的动力荷载记录,安装程序后 RecordsF 文件夹会生成)。若安装程序到默认位置,则RecordsF文件夹的路径为：

C:\Program Files\Computers and Structures\PERFORM\RecordsF

注意当前文件夹是 PERFORM 而不是 PERFORM-3D。所有动力荷载记录必须在 RecordsF 文件夹中。若不是，则在 PERFORM-3D 中无法使用这些动力荷载记录。

在 RecordsF 文件夹中，可以使用记录组管理记录，其中任意组的记录是 RecordsF 文件夹的子文件夹。若有大量的记录，最好用组管理它们。

每次增加新的动力荷载记录，必须输入组名（最大 12 字节）。若必须定义新的组，则 PERFORM-3D会生成组的文件夹，作为 RecordsF 文件夹的子文件夹。例如定义新的组 "Group-A"，动力荷载记录组的默认文件夹位置为：

C:\Program Files\Computers and Structures\PERFORM\RecordsF\Group-A

每次增加新的动力荷载记录到组，必须输入文件名（最大 12 字节）和一个记录名称（最大 40 字节）。记录被保存在组的文件夹中已命名的文件中。例如定义新的动力荷载记录组 "Wind-A"，Group-A 默认的文件位置为：

C:\Program Files\Computers and Structures\PERFORM\RecordsF\Group-A\Wind-A

在动力荷载工况中使用动力记录，可以根据组名和记录名来区分。若从一台计算机复制记录到另一台计算机，文件名很重要。一旦定义了记录组文件和一些记录文件夹的文件，就不要改变文件夹或文件名；若改变了文件夹或文件名，PERFORM-3D 将不能找到这些记录文件。

2. 定义动力荷载记录的步骤

(1)建立包含记录的 text(格式)文件，可以是不同格式的。

(2)确定组和记录名。

(3)转换 text 文件为 PERFORM-3D 记录文件。

可以在任意动力荷载工况中使用这些记录。

3. 复制动力记录

若将 PERFORM-3D 安装在多台计算机中，则可以为一台计算机定义一些动力荷载记录，然后复制记录到其他计算机中，而不是在其他计算机中重新定义。可以复制的内容有：①完整的 RecordsF 记录；②任意记录组的文件；③任意记录文件。

8.4.3　定义新的动力荷载记录

1. text 文件格式

动力荷载记录文件必须是 text 文件，可能在记录数据（荷载系数）开始前有一些开头行，剩余的行必须包括以下之一：①仅有动力荷载，每个固定时间间隔每行有固定数量的值；②时间-动力荷载组，每行必须有固定数量的组；③动力荷载-时间组，每行必须有固定数量的组。

任意行的值必须由空格或逗号隔开，但不能用换位键。文件可以存在软盘或 CD 上，也可以存在硬盘中。

2. 添加新的记录

读取动力荷载文本文件，定义相应的动力记录，选择 **Analysis phase** 分析阶段和 **Load Cases**模块，选择 **Dynamic Force for the Load Case** 类型，点击 **Add/Review/Delete Force Records** 增加一个或多个新记录，或查看已有记录、删除已有记录，操作如下：

（1）输入动力荷载记录文本名称。若复制这个文件到用户文件夹，只需输入文件名；然后必须输入文件的完整路径，也可以搜索（点击 **Browse**）。文件可以是硬盘或者 CD 上的。

（2）从表单中选择文件内容形式（仅有动力荷载、时间-动力荷载组或动力荷载-时间组）。

（3）若内容形式是仅有动力荷载，则定义时间间隔。

（4）定义用于关键记录的持续时间，可能比文件的最大持时要长或短；若长则用零来填补，若较短则只读取文件的一部分。

（5）定义每行动力荷载值的数量。

（6）定义在数据开始前用来跳过的开头行数。

（7）定义值采用空格或逗号隔开。

（8）对于在已有记录组中记录，从表单中选择组名，定义新的组，点击 **New** 输入组名。

（9）定义文件名和记录名。仔细选择记录名，因为当在荷载工况中检查或使用时，必须使用这些名称来区别记录。

（10）读取 text 文件和定义新的记录后点击 **Check**。若读取文件成功，则记录将会显示曲线。若记录是正确的，则点击 **Save** 来保存文件或者点击 **Cancel** 取消定义并修改数据再试一次。定义完所需记录后，点击 **Return to Dynamic Force Load Case**。

注意，动力荷载记录没有单位，因为动力荷载记录是荷载参数，而不是动力值。当定义了动力荷载工况，必须结合这些记录与节点荷载模式使用。任意时刻的动力荷载是原有动力荷载乘以当前动力荷载系数，时间单位一般为秒。

8.4.4　检查或删除已有记录

选择 **Load Cases** 模块检查记录，选择动力荷载工况类型，点击 **Add/Review/Delete Force Records** 检查或删除表单中的组和文件名。点击 **Review** 检查记录，点击 **Delete** 删除记录。

8.4.5　动力荷载工况

定义新的动力荷载工况，选择 **Analysis phase** 分析阶段和 **Load Cases** 模块，在荷载工况表格中选择动力荷载工况类型，点击 **New** 输入荷载工况名称，注意状态栏，步骤如下：

（1）若没有定义所需动力荷载记录，点击 **Add/Review/Delete Force Records**，编辑一个或多个记录。

（2）定义动力分析的控制信息，基本与地震荷载工况一致。对于参考侧移或参考挠度，选择荷载激励的侧移或挠度。

（3）定义荷载表单，最大能定义 40 个荷载。对于每种荷载，定义节点荷载类型和动力记录的组合。可以定义比例系数和时间滞后。若时间滞后不是零，则动力记录在开始前将会推迟（实际上记录开始前荷载系数为零）。

（4）点击 **Save** 来保存荷载工况，也可以使用 **Delete** 在保存前删除荷载工况。

8.4.6　多支座地震分析

1. 目的

地震中，地面位移、速度和加速度确定结构的反应。若结构与基础相连，则加速度将能被直接测得，而速度和位移一般都可积分得到。对于大部分结构，假设地面运动与支座点的运动一致是合理的。但对于大跨度结构（如桥），不同支座点可能会有明显不同的地面运动，即多支座激励。

在 PERFORM-3D 中进行动力荷载分析，可以运行多支座点激励的分析。但该方法是间接的，有一些缺点，是一种临时的方法。更直接的方法是动力强迫支座位移，可能会在未来的版本中增加这一功能。

2. 分析方法

对于地震分析，结构所有的支座都有相同的地面运动，一般使用地震地面加速度记录来计算结构有效惯性力的时程曲线进行计算分析。在地震分析中，支座点的位移是零，计算所得到的节点位移、速度和加速度都是相对于地面的。为了得到任意节点的绝对加速度（这需要计算楼层反应谱），则必须先计算地面加速度，再计算相对加速度。

而对于有多支座激励的线性结构分析，一般使用相似的分析方法。支座点处的地面加速度用来计算有效惯性力，而动力荷载分析用来计算这些有效惯性力。动力荷载分析假定支座是固定的，即支座点的位移均为零。而实际上这是不正确的，不同支座有不同的位移，支座点彼此相对移动。

时程分析方法可以推广到非线性时程分析中，但较复杂。而简单的方法是采用结构强迫动力支座位移，任意的支座位移时程曲线是地震地面位移记录。这种方法分析所采用的是地面位移，而不是地面加速度。其计算结果是节点的绝对位移，而不是相对地面的位移。

3. 地面位移

位移记录一般不是直接量测的，而是根据地面加速度对时间双重积分得到。通过双重积分得到的位移记录可能对加速度的误差很敏感，并可以显示持时内的侧移。即使地震结束时真实地面位移为零，但从加速度记录得到的位移可能是非零的值，所以一般必须修正。一般假定在地震中位移的误差呈二次方变化，所以位移记录一般在整个记录的持时中呈二次方变化。在修正之后加速度和位移记录不再完全一致，但任何的不一致都很小。

一般地，地震加速度记录是离散于 0.01 s 或 0.02 s 时间间隔，表示高频率的加速度计算结果是不精确的。PERFORM-3D 中的时程分析采用 Constant Average Acceleration（CAA）逐步积分方法（Trapezoidal 原理或 Newmark $\beta = 1/4$ 方法），假定在每个时间步的加速度是恒定的，等于时间步开始和结束的平均值。理论上位移呈二次方变化，但对于每步的事件，则假定线性位移变化来计算。

CAA 方法是最简单的积分方法，是非线性分析最好的方法，与所有积分方法一样，也是近似方法。特别是，CAA 方法可以计算不同周期振型不精确的反应，这个周期比时间步的 12 倍要短。对于 0.02 s 的时间步，任意比 0.25 s 短的周期振型计算得到的反应是不精确的。对于刚性结构应该使用比 0.02 s 更短的时间步。但请注意，地震加速度记录一般离散于 0.02 s 间隔，而当使用比 0.02 s 更短的时间步，加速度是线性插值的。这是不正确的，因为离散的加速度记录可能引起短周期结构的不精确。

4. 地面位移记录

若地震地面位移记录是可用的，离散于 0.01 s 或 0.02 s 时间间隔。对于时程分析，一般假定位移在每个时间间隔是线性变化的。这表示采用的地面加速度（实际上，可以通过对位移记录的双重微分得到）对于高频率变化是不够精确的。有多支座激励的结构一般是大型结构（如桥梁），其中关键的振动是长周期的。

若只有地面加速度记录，则必须双重积分得到地面位移记录。默认使用 PERFORM-3D

结构模拟位移监测器，如图 8.5 所示。

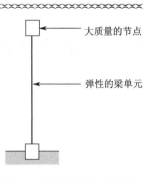

为了计算地面位移，可以使用地震荷载工况分析结构，并显示质量的侧移。因为质量较大，所以质点不会在空间移动，而位移是绝对位移减掉地面位移。保存位移时程到 text 文件，可以采用电子表格进行基线校正，读取这些时程到 PERFORM-3D 中。

若对加速度记录双重积分，则必须选择积分方法和积分时间步。分析图 8.5 中的结构，积分方法是 PERFORM-3D 中 CAA 方法，但仍然必须选择时间步，建议如下：

图 8.5　转换地面加速度成地面位移的位移监测器

(1)确定使用在结构动力分析中的时间步。地面加速度记录有恒定的时间间隔，一般是 0.02 s。因为结构有多个支座激励有可能会成为长周期的大型结构，时间步一般会是该值。一般地，不采用比 0.02 s 大的时间步，因为它不能精确地计算地面加速度。若采用比 0.02 s 小的时间步，则将会使得整个过程细分（对于加速度记录是 0.02 s 的时间步，细分为 0.02 s、0.01 s、0.005 s、0.002 s 的时间步）。

(2)使用时间步来分析图 8.5 中的位移监测器，然后输出每个时间步的位移，即位移记录。建议使用这种方法，因为时间步都是恒定的。无论运行：(a)计算得到地面位移的动力分析；(b)使用加速度记录的地震分析，所有支座都移动，这种方法可以得到结构的相同地面加速度。

5. Alpha-M 阻尼

Alpha-M 阻尼是应用连接每个质点到固定点的线性阻尼器。对于地震分析，这些固定点一般固定在地面上，黏滞阻尼器的变形比依赖于节点相对于地面的速度。对于动力分析，点是固定在空间中的，当地面运动，阻尼器的变形比依赖于节点的绝对速度。因此，Alpha-M 阻尼对这两类分析的物理意义是不同的。Beta-K 黏滞阻尼依赖于单元变形（侧移），而阻尼不受影响。

Alpha-M 阻尼是否会受影响则不清楚。在 PERFORM-3D 中，评价黏滞阻尼器的方法是画出能量平衡图并检查黏滞阻尼的耗能。注意，使用地震激励的时程分析强加在刚性支座弹簧单元的变形很大，因此这些单元的应变能也很大。当画出能量平衡图时，可以发现全部能量是支座弹簧处的应变能，并且不能区分黏滞阻尼消耗了多少能量，但可以查看单元组中非弹性滞回耗能的相对量。同时，也可以从 ECHO.txt 文件得到 αM 和 βK 阻尼消耗的能量（通过打印每个分析结束时的能量平衡图），但使用能量图不是很方便。

6. 结果插值

结果插值与地震分析类似，但请注意以下两点：

(1)不能得到整个能量平衡，因为在支座弹簧处的应变能比其他能量大很多。

(2)若画出了支座点处的位移时程曲线，可以发现支座处位移很接近输入的位移（假设弹簧支座刚度足够大）；但若画出速度时程曲线，则可能发现它比预期更参差不齐；而若画出加速度时程曲线，则可以发现它十分参差不齐，可能正好前一两秒钟的反应与原始地面加速记录相吻合，但后面因为较大差值而不齐。不过这只是数值精度问题，不会影响分析结果。

注意，节点位移、速度和加速度是绝对值；但侧移仍然是相对的。

8.5 一般加载顺序

PERFORM-3D 主要是一款基于性能抗震设计的工具,一般用来进行非线性分析。对于基于性能抗震设计,使用允许重力荷载分析后的 Pushover 或动力分析标准加载顺序选项就足够了。而对于大部分非线性分析,则使用任意加载顺序的"General"选项。

本节将会介绍这两种选项的差别,并介绍如何使用一般选项。

8.5.1 标准和一般加载顺序

定义新的分析工况,可以选择这些工况的 **Standard** 或 **General** 加载顺序。

默认的选项为标准加载顺序。若评价结构的性能,则一般可以使用标准加载顺序。在这个选项中,可以采用重力荷载,然后附加静力 Pushover 荷载或者动力地震荷载(地震或动力)。可以考虑多种重力、Pushover 荷载、动力地震和动力荷载工况,但只要这种加载允许:①静力 Pushover 荷载在重力荷载后;②动力荷载在重力荷载后;③静力 Pushover 施加在未加载结构上(不可能);④动力荷载施加在未加载结构上(也不可能)。

根据需要,可以在一个加载顺序中采用多个重力荷载工况。例如,若某些单元抑制了重力荷载,可以卸载恒荷载,然后保存其活荷载。可以采用重力恒荷载作为第一个分析步,然后重力活荷载作为第二个分析步来实现。若定义了抑制单元,则只移除任意加载顺序中的第一个重力荷载工况,然后保存加载顺序中的第二个工况。无论是重力荷载工况、Pushover 荷载工况或是动力地震工况。若选择了一般顺序,则可以按任何顺序加载。

8.5.2 一般加载顺序的使用要点

采用一般加载顺序的几个要点如下:

1. Pushover 和绘制目标位移曲线

若使用一般加载顺序,则不能使用 **General Pushover** 或 **Target Displacement** 模块;但仍然可以使用 **Usage Ratio** 模块。注意,使用比可能不会降低。因此对于某些分析,使用比可能保持不变。

2. 卸载 Pushover 荷载工况类型

卸载 Pushover 荷载工况类型,这在标准加载顺序中是不允许的。

当定义静力 Pushover 分析时,定义最大的侧移而不是最大的荷载,则程序将会计算所需大量荷载。因此若要移除 Pushover 荷载,返回到只有重力荷载状态,则一般不会知道移除多少荷载。卸载 Pushover 荷载工况类型自动移除 Pushover 荷载。

一般地,可以卸载所有 Pushover 荷载("**Unload all Pushover cases**"选项),也可以只移动单个的 Pushover 荷载("**Unload only one case**" 选项),但请小心使用后者。例如,采用了以下的加载顺序:

(1)推覆至正向 1% 侧移,采用"**Push plus 1%**"荷载工况。

(2)推覆至负向 1% 侧移,采用"**Push minus 2%**"荷载工况。

(3)推覆到零侧移,使用"**Push plus 1%**"。

(4)最后的 Pushover 荷载工况是"**Push plus 1%**",因此可以尝试通过卸载 Pushover 荷载工况的单个工况和卸载"**Push plus 1%**"选项来卸载 Pushover 荷载。

在第(4)步可以增加应用到第(1)和第(3)步的负向荷载(即可以卸载所有的"**Push plus 1%**"荷载),但可以卸载第(2)步的荷载;同时结构可能不承受这些荷载,分析可能不收敛。卸载 Pushover 荷载工况分析是采用力控制的,而不是位移控制的,若荷载大于倒塌荷载,则将无法求解。

对于以上例子的第(4)步,一般应该使用"**unload all**"选项来卸载 Pushover 荷载工况,可以卸载前面所有 Pushover 荷载。

对于卸载 Pushover 荷载工况,建议定义 5 个荷载工况和大约最大 500 个事件(一般有一些卸载事件,但是定义大量的事件是很安全的)。

3. 分析极限状态

当运行 Pushover 分析时,由于达到了定义的最大侧移,或达到了分析极限状态,运行可能会暂停。默认的 Pushover 分析极限状态是达到了非弹性组件的 X 点。若定义了分析极限状态,则新分析将在第一个加载步之后停止,因为已经超过了分析极限状态。为了避免这种情况,必须定义更宽大的分析极限状态。

4. 控制侧移

定义 Pushover 分析,必须定义一组控制侧移和最大侧移值。若任意控制侧移改变达到了最大值,则分析停止。也可以定义用来画出图形的参考侧移,参考侧移不一定是最大侧移。因此定义了最大侧移为 0.02(2%),当分析停止,则参考侧移的变化将会比 2% 小。

若最大结构性能良好,最好只定义一个控制侧移,然后使得它与参考侧移一致。总体来说,最好使用多个控制侧移。例如,若只控制顶层侧移,结构会产生薄弱层,当薄弱层破坏,则力重分布后顶层侧移会减小;若只控制顶层侧移,且不允许顶层侧移较小,则当结构的力重分布后薄弱层将会发生较大变形,分析也可能不会发生收敛。

若只采用侧移控制,则会导致一些问题。例如运行往复 Pushover 分析来计算整个结构或子构件在定义的值与参考侧移之间循环的滞回环,必须定义一个控制侧移,使它与参考侧移一样。假设定义了最大侧移为 2%,并没达到分析极限状态,当参考侧移略微比 2% 大时,可以发现分析停止了。这种差别一般会很小,但若要推覆到精确的侧移,则必须尝试不同的最大值来得到足够精确的实际值。

5. 抑制重力荷载

若要抑制重力荷载,则必须定义一个或多个重力荷载工况及对应的荷载工况,但符号相反,然后增加这些荷载工况。由于卸载事件(非线性性能)会发生,因此采用非线性分析,建议采用 5 步加载。

6. 在动力分析之后返回静力状态

在地震分析结束,结构仍然会振动。若要增加更多荷载(例如 Pushover 荷载或其他动力地震荷载),则必须使结构返回静力状态,操作如下:

(1)定义有非线性分析选项和较小荷载的虚拟重力荷载工况。

(2)在动力地震之后采用荷载工况,使结构恢复到静力状态,而不改变重力荷载。建议定义 5 个荷载步,大概 500 个非线性事件。

在地震分析之后采用这些荷载,最好在较强振动结束之前运行地震分析,使得结构接近分析结束的部分。然后当使用虚拟重力荷载时,结构的状态将会发生较小的变化。

7. 多个分析图形

在 PERFORM-3D 中显示图形(例如截面力与参考侧移曲线,使用 **Time History** 模块),每个图形只包括一个分析。若要显示多个分析图形,则必须点击 **Save to File** 来保存每个分析,然后在电子表格中编辑这些文件绘出多条曲线。

8. 抑制单元

若定义抑制单元,则只对于卸载状态重力分析可以移除单元。在第二个分析开始前这些单元可以被保存(即使是重力分析)。

若任意顺序的第一个分析(卸载状态分析开始)不是重力分析,则单元将不会被移除。

第 3 篇　分　析　篇

第9章 分析工况和阻尼

9.1 定义分析工况

当定义分析模型和一些荷载工况之后,运行分析之前,必须定义一个或多个分析工况。

9.1.1 定义分析工况的概念及操作过程

1. 概念

定义完结构模型和荷载工况之后,在运行分析之前,必须定义分析工况的某些参数。每种分析工况对应不同分析模型,而不必定义新的完整结构就能进行不同分析。例如,可能想要运行一组忽略 $P\text{-}\Delta$ 效应的分析,而另一组考虑这种效应。此时,可以建立一个选择 $P\text{-}\Delta$ 效应的分析工况,而第二个分析工况将这种效应关闭。可以定义不同质量、阻尼或者某些参数。

2. 操作过程

定义分析工况参数视图界面如图 9.1 所示。

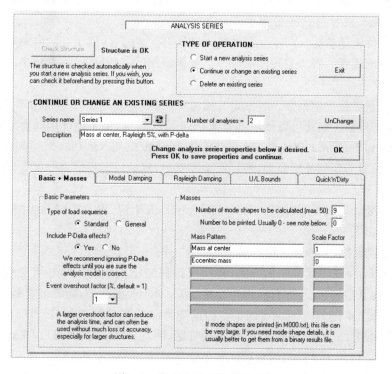

图 9.1 定义分析工况参数表格

定义新的分析工况的步骤如下:

(1)选择 **Analysis phase** 建模阶段和 **Run Analyses** 模块。

（2）选择 **Start a new analysis series** 选项。

（3）输入工况名称（仔细选择）和描述，需定义的参数包括：①加载顺序（标准或一般）；②是否考虑 $P\text{-}\Delta$ 效应；③质量。

（4）计算振型的数量。

（5）模态阻尼。

（6）Rayleigh$(\alpha M+\beta K)$阻尼。

（7）上下界限比。

（8）定义分析的某个选项。

在定义了分析工况属性之后，点击 **OK** 来保存属性和切换到 **Run Analyses** 表格。

使用 **Continue or change an existing series** 选项，可以增加已有工况的分析或改变已有工况的参数。若改变了已有工况的参数，则工况中的分析将不再有效，并被删除（在此之前，将提示警告）。若改变了这些参数，但要取消改变，则点击 **Unchange**。也可以使用 **Delete an existing series** 选项删掉已有工况或任何工况中的分析。

9.1.2　基本参数和质量

1. 操作过程

定义质量和某些基本参数，点击 **Basic ＋ Masses** 标签，操作如下：

（1）选择是否考虑 $P\text{-}\Delta$ 效应。对于存在 $P\text{-}\Delta$ 效应的单元组，若选择“**Yes**”，则可以考虑 $P\text{-}\Delta$ 效应；若选择“**No**”，则将会忽略 $P\text{-}\Delta$ 效应。一般最好先选择“**No**”，然后确定分析模型正确时再选择“**Yes**”来考虑 $P\text{-}\Delta$ 效应。

（2）选择事件超越参数。对于大型结构，可以定义大于默认值 1.0 的值来节约计算时间。

（3）选择标准或者一般加载顺序加载。在大多情况下，可以选择标准顺序。一般顺序是高级用户用来定义特殊需求的。

（4）定义质量类型比例系数。若没定义质量类型，或对所有类型定义了零比例系数，则分析模型将不会有质量。因此可以使用重力和 Pushover 荷载，但不能使用动力地震荷载。同时不能使用 **General Pushover Plot** 或 **Target Displacement Pushover Plot** 来得到性能，在此之前需要定义质量。对于新的分析模型，最好定义零质量，然后只运行静力分析直到确定模型是正确的。

（5）定义将要计算的振型数量。若只使用 Rayleigh 阻尼，则只需要一些振型；若使用模态阻尼，则需要更多振型。

2. 事件超越参数

PERFORM-3D 使用逐事件积分法，程序决定何时结构刚度发生较大变化（一个事件）。逐事件积分法比其他方法更加可信，但也有其缺陷，对于大型结构，随着可能事件增加，每个事件发生后用来修正刚度的时间也增加了。因此随着结构尺寸的增加，计算时间会逐渐增加。但是随着现代大型计算机的发展，这已不再是难题，而且 PERFORM-3D 用来计算大型结构的效率也很高。不过，使用事件超越参数来减小计算时间是十分有用的。

若 PERFORM-3D 精确考虑每个刚度的变化，则事件数将会很大。为了减小事件数，PERFORM-3D 使用了事件超越参数，使得屈服事件在计算的力超过屈服力一部分（超越容差）之前不再发生。若有紧密间隔的刚度变化，这些变化在超越容差内发生。若发生了，这些刚度变化将会当作单个事件，事件总数就相应减小了。

　　使用事件超越容差的缺点就是超越引起的等式误差(不平衡的力)必须更正。若每个子步结束时存在等式误差,则PERFORM-3D将会通过不平衡的力作为附加荷载并在下一个子步中更正。任何不平衡的力都是临时的,对计算的反应影响较小。等式误差也是导致能量误差的原因,这主要是结构外部力做的功不同于外部功(其中部分被消耗,部分为不可恢复的应变能或动能)。在 PERFORM-3D 中计算能量平衡,平衡将会显示在 ECHO 文件中。若外部与内部的功差别比百分率大,表示能量误差较大。在 PERFORM-3D 中,若存在脆性强度损失,则尽管能量误差较大,但能量平衡一般都十分接近。

　　对于屈服的构件,PERFORM-3D 使用默认的超越容差为 1%,表示任何不平衡力相对较小,也表示在单一事件中发生刚度变化的概率是较小的。对于中等尺寸结构,最好使用默认容差。对于规模较大的结构,使用更大的容差也是可以接受的,原因是若一个构件屈服,那么存在不平衡力,而这些力又传递到了结构中的其他构件。在小型结构中,存在相对少的构件吸收不平衡,所以最好使不平衡力占单一构件强度的较小比例。在大型结构中,存在较多构件吸收不平衡力,这些不平衡是安全的,占单一构件强度的较大比例。更大的不平衡表示结构在单一事件中发生刚度变化的概率更大,因此计算时间会显著减少。

　　当定义新的分析工况,可以选择事件超越参数。若选择的参数为 5,则定义了 5% 屈服构件的超越容差。对于大型结构,应该使用参数为 10 或者更大,应验证是否引起结果更大容差。对于每个分析,应该在 ECHO 文档检查能量平衡。

　　在 Pushover 分析中,若在每个荷载步(区别于子步)结束存在任意不平衡荷载,则PERFORM-3D会在下个荷载步之前迭代来消除不平衡力。因此荷载步一般会增加,随着一些校正子步,这些不平衡力被恒定侧移校正。若定义了事件超越参数 10 或者更大,校正的子步被省略了,任何不平衡力将会加在下个荷载步上。

　　修正步也是用在非线性重力荷载分析中,但不用于动力地震分析中(每个时间步结束时任意不平衡荷载将会施加在下个时间步)。

9.1.3　阻　　尼

　　对于大部分结构,建议:①使用模态阻尼和一些模态,模态数量与相同结构的线性模态分析保持一致;②使用少量的 Rayleigh 阻尼来避免非阻尼自由度潜在问题。

　　1. 定义模态阻尼操作

　　选择 **Modal Damping** 标签,选项有:①无模态阻尼比;②所有模态相同阻尼比;③依赖模态周期的阻尼比。

　　选择所有模态相同阻尼比,模态阻尼比只用于计算模态形状的情况,任意高阶的模态不衰减。若选择依赖周期的阻尼比,定义 2~6 个周期及相应的阻尼比。每个模态的阻尼比由插值确定,这也只用于计算模态形状。

　　2. 定义 Rayleigh 阻尼操作

　　选择 **Rayleigh Damping** 标签,使用 **Basic Values** 来定义阻尼如何随周期而不同。

　　使用 **Beta-K** 选项标签来定义不同单元组不同量 βK 阻尼,默认使用参数来定义单元组。

　　若结构装设了隔震装置,则可以选择 **Alpha-M** 标签,参考第 9.2 节。经验表明,标准选项和基础隔震选项存在较小的差别,而对于基础隔震结构,最好采用模态阻尼来考虑结构的阻尼。

9.1.4　使用上限下限操作

定义和使用上限下限作为构件属性,参考第 5.15 节。

使用这些界限,选择 **U/L Bounds** 标签,如图 9.2 所示。

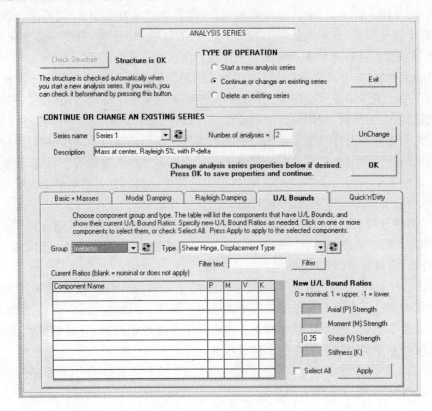

图 9.2　U/L 界限比率

若定义了新的分析工况,则可以选择任意或所有构件的不同强度或不同刚度。默认的为使用所有构件的名义强度和刚度值。根据需要使用任意构件更大或更小的值,必须定义这些构件的 U/L 界限比,界限比的意义如下:

(1)若比值为 0,则使用相应强度或刚度的名义值。

(2)若比值为 1.0,则使用上限值。

(3)若比值为 -1.0,则使用下限值。

(4)若比值在 $0\sim1.0$ 之间,则在名义和上限取插值。

(5)若比值在 $0\sim-1.0$ 之间,则在名义和下限取插值。

一般地,可以定义轴力强度 P、弯曲强度 M、剪切强度 V 和刚度 K 的 U/L 界限比。但大多数构件只有部分属性的上下限值。例如,FEMA 钢梁有弯曲强度,但也有剪切强度,因为转动能力依赖剪力。

定义 U/L 界限比的步骤如下:

(1)从组的表单中,选择构件组(非弹性、弹性、材料或强度截面)。

(2)从类型表单中选择组件类型(如非弹性杆件),所有这类组件将会在表格中列出。

(3)定义 U/L 界限比。

（4）点击表格中单个组件，再次点击显示高亮；点击 **Select All** 来选择表格中所有组件。

（5）点击 **Apply**，定义的界限比将在表格中显示，表格将会被保存。

（6）对于所有有 U/L 界限比的组件，可以重复以上操作。

如果程序在分析过程中改变 U/L 界限比，则分析内容将会被删除，因为结构已经被改变。

9.1.5　快速'n'Dirty

为了节省时间来检查分析模型，通常在简化分析中运用到快速'n'Dirty。**"Quick'n'Dirty"** 标签允许运行简化分析而不改变分析模型。

在这个标签下只有一个选项，即忽略强度损失选项。若组件有强度损失，则使用不考虑强度损失的初步分析是有用的。建议不考虑强度损失，直到确定模型正确后再定义考虑强度损失效应的分析工况。同理，对于考虑 P-Δ 效应选项也是如此。

对于忽略强度损失选项，刚度和能量循环退化也可忽略不计。

9.2　弹性黏滞阻尼

根据不同的机理，结构基本是弹性耗能，一般通过黏滞阻尼来模拟。线性结构分析假设每个固有振型的临界阻尼是 5%。这是一种近似处理，由于真实阻尼机理几乎不黏滞，所以当结构屈服时，通过非线性行为耗能。在非线性动力分析中，直接模拟的总耗能是弹性和非弹性耗能之和。假定黏滞阻尼用来考虑弹性耗能。PERFORM-3D 中可以采用两种黏滞阻尼，分别是模态阻尼和 Rayleigh 阻尼。

9.2.1　模态阻尼

1. 阻尼矩阵

当定义模态阻尼时，PERFORM-3D 采用振型形状的阻尼矩阵。最多可以定义 50 个振型来计算振型形状，但一般不必考虑这么多振型。

PERFORM-3D 采用振型形状和周期，并使用结构动力学原理来计算隐式阻尼矩阵，这个矩阵由下面公式得到：

$$C = \sum_{n=1}^{n=N} \frac{4\pi}{T_n}\xi_n \frac{(M\phi_n)^{\mathrm{T}}}{\phi_n^{\mathrm{T}}M\phi_n} \tag{9.1}$$

式中，N 为阻尼振型数量；T_n 为振型周期；ξ_n 为振型阻尼比；M 为质量矩阵；ϕ_n 为振型形状。当使用模态阻尼时，建议增加少量 Rayleigh 阻尼。

重要的是模态阻尼可以增加能量平衡误差，但影响较小。

对于每步平衡方程的求解，结构刚度矩阵是带状的，但阻尼矩阵不是带状的。刚度矩阵条带中的阻尼矩阵部分位于其左下角。剩余系数不包括刚度矩阵，但当有抗力时也必须考虑，因此在每步结束会出现等式不平衡（在右下角）。阻尼力引起一些等式不平衡，增加到了非线性性能的不平衡中，也将引起能量平衡的误差，但影响较小。

2. 物理解释

考虑模态阻尼的物理意义与理解线性和非线性结构的模态阻尼之间的差别是很有用的。

当线性结构在动态地震荷载作用下发生变形，变形的形状会继续变化。在每个较短时间内，形状能分解成多个振型形状，每个振型形状以其固有频率振动。若采用了模态阻尼，则每个振型是独立衰减的。经验表明，线性分析采用模态阻尼是合理的。

原则上，这可以推广到非线性结构。若结构性能在非线性事件之间是线性的（如塑性铰变形），则每个事件中振型形状可能会被重新计算（每次结构刚度都会变化），因此可以采用模态阻尼。在每个事件中，重新计算振型形状（阻尼矩阵）是十分费时的。所以当在非线性结构中使用模态阻尼，应假定阻尼矩阵是恒定的。在任意极短时间内结构变形形状仍然包括弹性振型形状。但与线性情况不同，这些振动的有效周期不是线性的周期，形状一般是独立的（不耦合），并且变形形状是包络形状而不是线性振型形状，其影响如下：

（1）振型形状仍然是衰减的，但因为当有效阻尼系数不变时，有效周期可能发生变化（可能增大），故临界阻尼比一般都会变化。

（2）只有衰减的变形形状的构件对应于线性振型形状。其他的变形是不衰减的。

以上的影响不会使基于线性振型形状的阻尼模型失效，一般添加少量的 Rayleigh 阻尼的模型可能是较为理想的模型。

9.2.2　Rayleigh 阻尼

1. Rayleigh 阻尼模型

Rayleigh 假定结构的阻尼矩阵 C 按下式得到：

$$C = \alpha M + \beta K \tag{9.2}$$

式中，M 为结构质量矩阵；K 为初始弹性刚度矩阵；α、β 为系数。图 9.3 描述了 $\alpha M + \beta K$ 阻尼的物理意义。

图 9.3 中梁刚度为 K_B，柱刚度为 K_C，水平质量为 M_1 和 M_2。αM 阻尼的物理意义是连接质量源到外部固定点阻尼系数为 αM_1 和 αM_2 的阻尼器。βK 阻尼的物理意义是与单元并联阻尼系数为 βK_B 和 βK_C 的内部阻尼器。对于桁架单元，βK 阻尼器是轴向阻尼器。对于框架单元，βK 阻尼器概念也一样，但从物理意义上讲 βK 阻尼器是速度型弯曲单元。

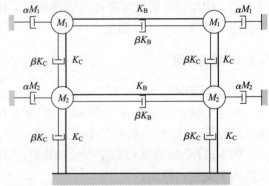

图 9.3　$\alpha M + \beta K$ 阻尼的物理意义

2. 线性分析中隐式模态阻尼比

对于线性分析，模态阻尼几乎是经常用到的。Rayleigh 阻尼也经常使用。显示 αM 阻尼对应多个低阶（长周期）的阻尼振型和少衰减的高阶（短周期）振型。阻尼比与振型周期的关系如下：

$$\xi_i = \alpha \frac{T_i}{4\pi} \tag{9.3}$$

式中，T_i 为 i 振型的周期；ξ_i 为 i 振型的临界阻尼比。

βK 阻尼对应低阶少衰减的振型和高阶多衰减的振型，关系如下：

$$\xi_i = \beta \frac{\pi}{T_i} \tag{9.4}$$

对于线性分析，这也表明了 Rayleigh 阻尼不能引起振型形状的耦合（若结构发生某个振型形状的变形，阻尼力只会影响这个振型形状而不影响其他振型形状）。当然，模态阻尼也是一样。对于模态阻尼，阻尼比可以为每个振型单独定义，一般所有的振型都定义一样的阻尼比。对于 Rayleigh 阻尼,只有两个相互依赖的参数,即 α 和 β。因此,阻尼比只能为两个振型定义。对于其他的振型,如图 9.4 所示,阻尼比随着振型周期而变化。

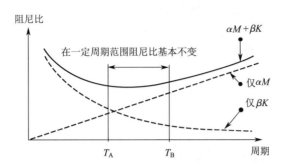

图 9.4　线性分析中周期不同的阻尼比

所有振型都有相同阻尼比是不可能的,但通过选择合适的 α 和 β 值,如图 9.4 所示,在显著的周期范围内基本有恒定的阻尼比。

当线性动力分析使用这类阻尼,长周期 T_B 一般是第一振型(或接近它),而短周期 T_A 对应于更高阶振型。例如,若选择了 α 和 β 使得阻尼在 $T_B=0.9T_1$ 的阻尼是 5%,其中 T_1 是第一振型周期,并且使得 $T_A=0.25T_1$,然后在 $0.2T_1$ 到 T_1 的周期范围的阻尼接近 5%。这可能涵盖了所有重要振型,高阶振型发生严重衰减。

3. 非线性分析中的隐式阻尼

对于模态阻尼,原则上不可能重新计算每个非线性事件的振型形状和周期,所以需要重新计算阻尼矩阵来考虑非线性事件的振型和周期衰减情况。实际上,这是十分耗费计算时间的,一般阻尼矩阵保持不变,基于公式(9.2),其中 K 等于结构弹性刚度。

隐式阻尼的物理解释与模态阻尼的相似,但有以下区别:

(1)所有振型形状是衰减的,而不仅限于低阶振型。

(2)几乎所有结构都有比振型形状更多的自由度(大致 6 倍节点数为自由度总数与振型数的 2 或 3 倍质量数)。变形形状不对应质量为零的振型形状,因此周期为零。这并不表示无限大的阻尼,因为动力分析是按有限时间步逐步进行的,任意振型的周期小于 10 倍的时间步是不精确的。在短周期(或周期为零)存在更高阶阻尼,因此选择 T_A 和 T_B 的 Rayleigh 阻尼与模态阻尼相似,但在高阶振型形状有较大的衰减。

4. 在 PERFORM-3D 中的应用

在 PERFORM-3D 中不直接定义 α 和 β 值,而必须定义两个周期比 T_A/T_1 和 T_B/T_1,以及对应的阻尼百分比(一般两者的百分比相同),然后 PERFORM-3D 计算需要的 α 和 β 值。关于如何选择周期,注意以下两点:

(1)采用与线性分析相同的方法,定义 $T_A/T_1 \approx 0.25$ 和 $T_B/T_1 \approx 0.9$。

(2)观察到结构屈服一般会减轻,因为结构有效振动周期一般会增大。周期与刚度的平方根成反比。

5. 定义 Rayleigh 阻尼的操作

选择 **Run Analyses** 模块,选择 **Analysis Series** 表格和 **Rayleigh Damping** 及 **Basic Values** 标签,步骤如下:

(1)输入周期比 T_A/T_1 和 T_B/T_1,每个周期比对应的阻尼百分比。若不想运行任何动力分析,则定义零阻尼,可以保持窗口空白。

(2)点击 **Draw Graph** 来绘出阻尼比变化。

(3)若结果不是期望的,则点击 **Close Graph**,再次尝试。

6.计算使用混凝土纤维单元的 βK 刚度的特别假定

若结构组件是混凝土纤维单元(纤维截面或者混凝土支柱组件),则这些纤维受压有刚度,在开裂后受拉没有刚度。

对于 βK 黏滞阻尼,刚度 K 是结构初始刚度。计算假定所有混凝土纤维都是受压的(混凝土纤维假定为初始无裂缝的)。在混凝土开裂后使用相同的 βK(恒定)。经验表明,这可能在混凝土纤维开裂发生后引起大量黏滞阻尼。

例如,剪力墙单元使用非弹性纤维截面,当纤维截面开裂,中性轴移动,墙体轴向变形时也受弯。若轴向 βK 阻尼刚度很大,则将会在墙中产生大量不真实的黏滞阻尼力。这也极度地强化了墙体,导致了大量不真实的能量消耗。

为了避免以上问题,当计算使用混凝土纤维单元的 βK 刚度时,PERFORM-3D 作了特别假定。混凝土纤维的单元包括使用纤维墙截面的剪力墙和一般墙单元以及使用纤维截面的框架类型单元和使用混凝土支柱的杆单元。对于这些单元,刚度 K 和单元 βK 刚度仅依赖 15% 混凝土材料面积,即混凝土开裂后,计算 βK 刚度时只考虑混凝土的 15% 有效。钢材纤维面积不折减,因此当计算 βK 刚度时,钢材纤维假定是有效的。

7. 基础隔震的默认操作

经验表明,选择基础隔震的默认操作选项对分析结果影响较小。

若定义了装设隔震装置结构的 $\alpha M + \beta K$ 阻尼,则模型的物理意义如图 9.5(a)所示。在这种情况下,αM 阻尼器连接结构质量和水平地面,这可能不是期望得到的,因为它高估了结构的阻尼。默认的模型如图 9.5(b)所示。αM 阻尼器连接结构质量与在隔震层的临时水平面,使得 αM 部分阻尼只作用于结构隔震部分。

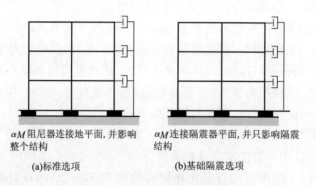

αM 阻尼器连接地平面,并影响　　　αM 连接隔震器平面,并只影响隔震
整个结构　　　　　　　　　　　　结构

(a)标准选项　　　　　　　　　　(b)基础隔震选项

图 9.5　自动的 αM 阻尼模型

PERFORM-3D 允许选择"**Standard**"或者 "**Base Isolation**"选项,关于基础隔震选项应注意以下几点:

(1)如图 9.5(b)所示,只有水平质量连接。若存在竖向或者转动质量,则这些转动质量的 αM 阻尼器连接地面。

(2)βK 阻尼模型不改变。

(3)必须在隔震层每个水平定义刚性楼板约束,αM 阻尼器连接这个水平面。

定义基础隔震的默认操作选项的步骤如下:

（1）在运行分析工况之前，必须计算无隔震结构的第一振型周期。实际上，这就是带有刚性隔震层的结构第一振型周期。可以通过改变隔震层属性来改变它们屈服前的刚度，但可以使用线性分析程序（如 SAP2000 或 ETABS）初步计算。无隔震结构的第一振型周期为 T_{1R}，符号中"R"表示刚性隔震器。

（2）必须计算带有弹性隔震器结构的弹性第一振型周期（给隔震器赋予预屈服刚度）。弹性第一振型周期为 T_{1E}，符号中"E"表示弹性隔震器。

（3）选择 **Run Analyses** 模块，在 **Analysis Series** 表格中选择 **Rayleigh Damping** 和 **Alpha-M** 标签。

（4）选择基础隔震阻尼选项（不是标准选项）。

（5）从刚性楼板约束表单中选择隔震器所在的临时水平面，定义好所需的约束。

（6）定义 T_{1E}/T_{1R}，应比 1.0 大。

当定义周期比 T_A/T_1 和 T_B/T_1，标准选项采用（带弹性隔震器）周期 T_{1E} 计算 α 和 β 值。若选择基础隔震选项，PERFORM -3D 会调整 α 和 β 值使得它们基于周期 T_{1R}。

9.2.3　模态阻尼和 Rayleigh 阻尼在有刚度连续剪力墙结构中的表现

对于有刚度连续剪力墙结构，模态阻尼和 Rayleigh 阻尼得到的结果明显不同。

当使用 βK 阻尼，连续剪力墙的 βK 阻尼系数（基于板的初始弹性弯曲和剪切刚度）可能会较大。在剪力墙屈服之后（一般受剪），延性比也可能会较大。因为 βK 阻尼仍然不变，此时 βK 耗能可能会被高估，而变形可能会被低估。

在 **Energy Balance** 模块可以检查每个单元组消耗的 βK 能量。在剪力墙中，对于连续剪力墙单元，存在较大耗能是不合理的，因此可以定义相应单元组的折减 Beta-K 阻尼比例系数（可能为零）。

以上问题不会出现在模态阻尼中。当采用模态阻尼时，实际上黏滞阻尼器单元被加在每个振型上了。当结构变形，基于大部分振型的每个单元的耗能将会出现在总变形形状中。对于连续剪力墙，可能没有弹性振型形状，包括与其他墙体相关连续剪力墙的大变形。因此当剪力墙屈服，模态阻尼不会导致大量附加耗能。但必须强调的是这只是揣测，而并没有运行对比分析来对比不同结构的不同阻尼。

9.2.4　联合使用模态阻尼和 Rayleigh 阻尼

可以联合使用模态阻尼和 Rayleigh 阻尼。如前所述，若只使用模态阻尼，只有位移形状，则模态阻尼对应弹性振型形状。结构的自由度总数总比振型总数大，因此若只使用模态阻尼，则将会有很多位移形状不会衰减。所以建议采用少量的 βK 阻尼来保证高阶振型位移是衰减的。

为了这样做，取高阶计算模态的周期，定义 βK 阻尼（无 αM 阻尼）使得这个周期的阻尼比较小，即 0.2%。这会保证高阶位移形状有一定衰减，而忽略低阶 Rayleigh 阻尼。

9.3　运行分析

9.3.1　运行分析的步骤

运行分析表单如图 9.6 所示。

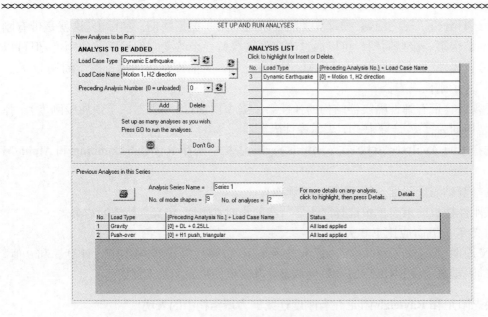

图 9.6　运行分析表单

在单个分析步中可以定义尽可能多的分析,并且可以增加分析到分析工况中,步骤如下:

(1)从荷载类型表单中选择荷载工况类型。

(2)从荷载工况名称表单中选择荷载工况名称。

(3)选择前面分析的数量。对于标准荷载加载顺序,可以首先使用重力荷载,然后增加 Pushover 荷载或动力地震荷载。在前面分析表中只包括前面的重力荷载分析数量,为了按顺序加载应为分析标号。对于一般荷载加载顺序,则列出了所有以前的分析。

(4)使用 **Add**、**Insert** 和 **Delete** 来定义分析表单。

(5)当定义了所需分析,则点击 **GO** 运行分析,点击 **Don't Go** 返回分析工况表单。

如果定义了当前分析工况的质量,振型分析会自动建立。

在分析中,窗口会显示分析过程。对于新的分析工况,PERFORM-3D 首先建立了分析模型的数据,然后计算振型形状,最后运行分析。

在运行分析之后,程序会将其增加到完成的分析中。表单显示了每个分析状态,可以通过点击它来得到附加详细的状态,然后点击 **Details**。

9.3.2　增加和删除分析

可以在任何时候增加新的分析到分析工况中,也可以删除一个完整的分析工况或从分析工况中删除单个的分析。

若删除了分析工况,将有完整删除工况或删除工况中任意分析但是保存分析工况设置(质量和阻尼等)选项。第二个选项是默认的,该选项一般经常用到。

若改变分析模型,则在改变前应删除所有分析,因为这些分析结果不再与改变后的模型一致。当改变模型时,程序会提示是否想删除已有分析工况(分析工况设置不删除),应回答 **"Yes"**,PERFORM-3D 会删除这些分析结果。若增加或改变框架或极限状态组,则模型不会改变。

第 10 章　常用分析功能

10.1　反应谱分析

10.1.1　原　　理

与结构在地面运动作用下的响应相关的动力平衡方程为：

$$Ku(t) + C\dot{u}(t) + M\ddot{u}(t) = m_x\ddot{u}_{gx}(t) + m_y\ddot{u}_{gy}(t) + m_z\ddot{u}_{gz}(t) \qquad (10.1)$$

式中，K 为刚度矩阵；C 为比例阻尼矩阵；M 为对角质量矩阵；u、$\dot{u}$、$\ddot{u}$ 为相对于地面的相对位移、速度和加速度；m_x、m_y、m_z 为单位加速度荷载；$\ddot{u}_{gx}$、$\ddot{u}_{gy}$、$\ddot{u}_{gz}$ 为均匀地面加速度的分量。

反应谱分析寻找的是对这些方程的而非整个时程可能的最大响应。每个方向上的地面加速度以数字化的反应谱曲线来给出，反应谱曲线是拟加速度谱响应与结构周期的关系曲线。

虽然加速度可以在三个方向上指定，但对于每种响应只能输出一个正值。这些响应量包括位移、力和应力。每个计算结果代表了响应可能的最大统计量测。实际的反应预期值在这个正值到其负值区域内变化。

在两个不同的响应量之间没有相关性。对于在地震荷载中不能得出何时出现极值，或此时其他响应为何值。

10.1.2　反应谱荷载工况

1. 谱

在运行反应谱分析之前，必须定义一个或多个加速度反应谱。首先必须建立一个或多个包含谱的 text 文件，读取谱到 PERFORM-3D 程序中，这个过程与定义地震波加速度记录一样。谱被保存在谱文件夹中，这与地震波记录文件夹类似。

反应谱的 text 文件必须用逗号或空格隔开，包括以下内容：

(1)任意开头行数。这在读取处理时一般都跳过。

(2)一行包括一个阻尼比(最大 6 个阻尼比)。当文件读取时，谱的阻尼比数量即是行数。

(3)每行一个周期，为了增加周期，每行必须包含一个跟在与阻尼比对应的加速度值后面的周期；行数决定了周期数，在每行结束后必须有换行符(回车)，不要增加空白行。

每个文件必须包含一个反应谱(实际上是一个对应不同的阻尼比反应谱组)。

读取反应谱 text 文件和增加新的谱到谱文件夹，选择 **Analysis phase** 和 **Load Cases** 模块，然后选择 **Response Spectrum for the Load Case** 类型，点击 **Add/Review/Delete Spectra** 键，可以定义一个或多个新谱、查看或删掉已有的谱。定义新的反应谱步骤如下：

(1)输入谱 text 文件。若复制了这些文件到 **User** 文件夹，则需输入文件名，否则必须给出完整文件路径。

(2)从表单中选择加速度单位。

(3)定义抬头在数据开始之前跳过的行数。

(4)定义数值是否由空格或逗号隔开。

(5)若谱包含于已有的反应谱组中，从表单中选择反应谱组的名称。定义新的反应谱组，

点击 **New**,输入反应谱组的名称。

（6）定义文件名和反应谱的名称。应仔细输入反应谱名称,因为必须使用名称来辨别这些谱,方便在荷载工况中检查。

（7）点击 **Check** 读取文件,定义反应谱。若文件被成功读取,将会绘制出谱曲线;若谱是正确的,点击 **Save** 保存谱,也可以点击 **Cancel** 取消谱,修改以上数据再试一次。当定义完所需反应谱后,点击 **Return to Spectrum Load Case**。

2. 定义反应谱荷载工况

定义新的反应谱荷载工况,选择 **Analysis phase** 分析阶段和 **Load Cases** 模块,如图 10.1 所示。在荷载工况表单中选择反应谱荷载工况类型,点击 **New**,输入荷载工况名称,注意状态栏。

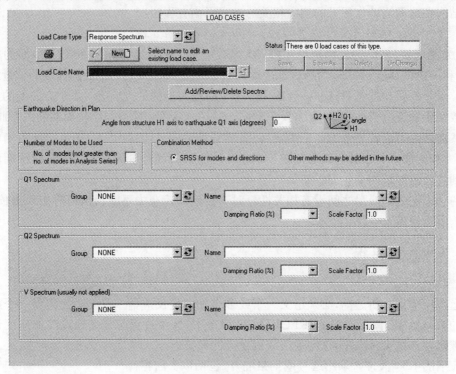

图 10.1　定义反应谱分析

具体步骤如下:

（1）若定义所需的谱,则点击 **Add/Review/Delete Spectra** 增加反应谱。

（2）定义结构 H1 轴与地震波 Q1 方向之间的夹角,允许采用水平方向的地震。

（3）定义将要使用的振型数,比计算得到的振型数大（运行分析时）,使用较小编号的振型。

（4）从反应谱表单中选择 Q1 反应谱,选择阻尼比（例如,若存在不止一个阻尼比的反应谱）,定义谱的比例系数。

（5）重复以上操作定义 Q2 和 V 反应谱。

（6）点击 **Save** 保存荷载工况,或可以根据需要点击 **Delete** 在保存之前删掉荷载工况。

10.1.3　反应谱分析的运行及结果

1. 运行分析

运行反应谱分析,切换到 **Set Up and Run Analyses** 表单,选择反应谱荷载工况,从荷载工况名称表单中选择荷载工况名称。必须定义一些质量用来计算振型形状,若无振型形状,则在荷载工况名称表单中就没有荷载工况。反应谱工况类型之前的分析一般总是零。

使用 **Add**、**Insert** 和 **Delete** 编辑分析列表或结合不同类型分析,点击 **GO** 运行分析。

2. 分析结果

选择 **Modal Analysis Results** 模块查看分析结果,然后选择 **Nodes**、**Drifts** 或 **Sections** 标签可以显示分析结果或保存结果到 text 文件中,但不能得到单元的结果。

3. 侧向荷载模式的分析结果

对于 Pushover 分析,可以定义侧向荷载模式,其楼层剪力分布与反应谱分析类似。定义侧向荷载模式并不是荷载模式的最好选择,但可按以下步骤设置:

(1)在结构每层剖切所有单元的结构截面;为了一致,剖切每层的底部,必须剖切每层的截面。

(2)在 **Modal Analysis Results** 模块选择 **Sections** 标签,然后点击 **Save**。

(3)选择表单中每层截面,点击 **Save**;根据需要保存结果数值(SRSS 组合值,无符号)到 text 文件。

(4)使用电子表格处理文件得出侧向荷载模式,得出相同楼层的剪力。

(5)在 PERFORM-3D 中输入节点荷载模式。

10.2 Pushover 分析

Pushover 分析采用了一些不同的性能评估方法。如 FEMA 440 提出了一种新的线性化方法,以及改进的 FEMA 356 系数(位移修正)方法。ATC 40 能力谱法已经过时,但是一般的能力谱法仍然有用,并且比其他方法有一些优势。

Pushover 图形模块采用了所有以上方法。以下将会介绍基本操作和这些方法的差别以及一些基本的理论,结果表明能力谱法可以用来评估液体阻尼器的效果。

10.2.1 概 述

1. Pushover 分析采用的可行方法

可以选择的方法:

(1)FEMA 440 线性化方法。

(2)FEMA 440 系数修正方法(所谓的位移修正方法)。

(3)FEMA 356 系数方法。

(4)能力谱法,可以选择 ATC 40 过程或更精确的修正过程。

FEMA 356 系数方法也被采用了,形式虽然不同,但结果却相同,用于 **Target Displacement** 模块。

2. Pushover 分析所采用的方法的差别

所有的 Pushover 分析方法有相同的主要步骤,如图 10.2 所示。

但这些方法在细节处理上有明显的不同,图 10.3～图 10.6 介绍了这些差别。每种方法用相关的侧向荷载 H 和水平位移 Δ 定义 Pushover 曲线。在每个图形中,根据步骤①、②、③、…的计算顺序。

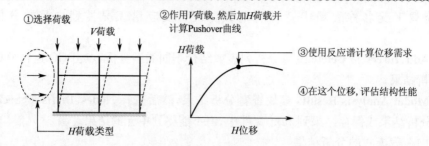

图 10.2　静力 Pushover 分析的主要步骤

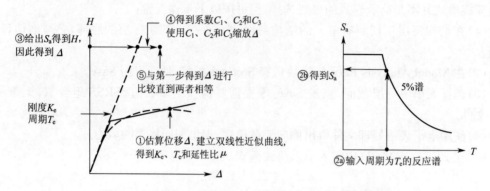

图 10.3　FEMA 356 和 FEMA 440 系数方法的主要步骤

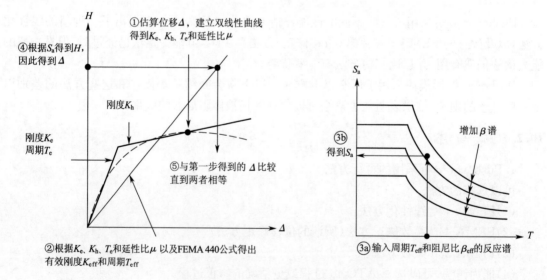

图 10.4　FEMA 440 线性化方法的步骤

3. 几个要点

（1）能力谱和线性化法需要相同的反应谱，考虑阻尼比。系数方法采用一个谱，一般阻尼为 5%。

（2）系数和线性化在方法上使用由大量动力分析校正的经验公式。经验公式在系数方法中采用系数 C_1、C_2 和 C_3，而在线性化方法中采用周期 T_{eff} 和阻尼比 β_{eff}。

（3）ATC 40 能力谱法可以理解为对线性结构反应谱分析的推广，但采用割线周期和阻尼比，而不是弹性周期和 5% 阻尼。这种方法比经验公式更合理。能力谱法比完全的经验方法更灵活。例如,ATC 40 能力谱法可以用来评估液体阻尼器组件附加耗能的影响。

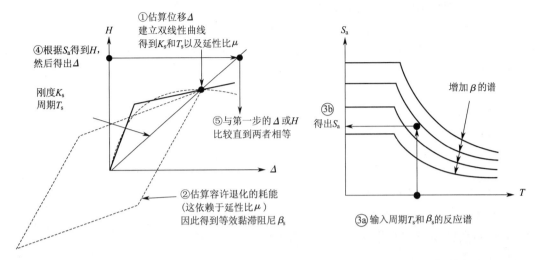

图 10.5　ATC 40 能力谱法的步骤

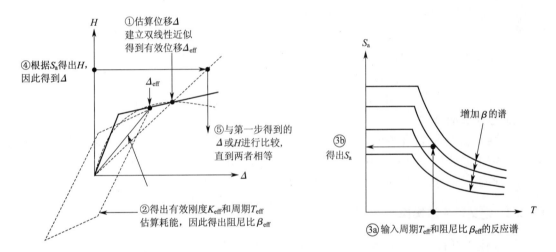

图 10.6　修正能力谱法的步骤

(4)ATC 40 能力谱法没有系数法和线性化法精确。这种说法是不准确的,因为系数法和线性化法都采用动力分析校正,而能力谱法不需采用动力分析校正。能力谱法有经验参数,并且若这些经验参数采用了动力分析校正,能力谱法可能会和其他方法一样精确,仍然具有合理性。

引起能力谱法不精确的原因可能是割线周期和阻尼。这相当于假定在地震中结构会出现一些位移等于最大位移的循环加载,其中仅可能出现和较大幅值十分接近的循环或小幅度的循环。这样,使用有效周期和阻尼,根据比最大幅值小的位移应该更精确。

这也是修正能力谱法的主要基础。在这种方法中,根据有限的经验在小于最大值的位移处计算周期和阻尼。经验表明,位移一般为最大值的 0.8 倍是合理的。对比 ATC 40 能力谱法,修正能力谱法通常增加周期、减小阻尼,因此增加了位移需求量。

另一个不精确的原因可能是能力谱法耗能与阻尼比的关系不明确。耗能与阻尼比的方程可以应用于线性分析中,但用于非线性分析可能不精确。若这种关系采用经验校正参数,则可以提高能力谱法的精度。

(5)动力分析采用地面加速度记录,并采用性能评估的平均结果。Pushover 分析主要采用性能评估的平均位移需求量。Pushover 分析作为一种分析方法是合理的,但若 Pushover 分析方法作为一种设计方法,则并不理想。Pushover 分析是粗略的,因此被作为设计工具时计算结果往往过于保守。

4. 主要步骤

根据图 10.3~图 10.6,位移需求由逐次试探计算所得,直到最后一步的位移与第一步估算的需求相吻合。在 PERFORM-3D 应用中画出需求曲线,位移需求是需求曲线与能力曲线相交的点。计算步骤基本与前面图形一致,最后结果如图 10.7 所示。

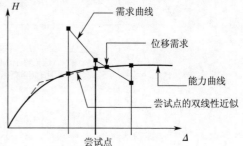

图 10.7　Pushover 图形

在 FEMA 356 中,位移需求是目标位移。在 ATC 40 中,位移需求是位移性能点。这个图形提供了对结构强度和刚度变化敏感的位移需求的有用信息。主要步骤如下:

(1)选择 Pushover 荷载工况,画出能力曲线,一般是基底剪力或基底剪力系数与参考侧移的图形,但也可能是加速度和谱位移的图形。

(2)在能力曲线上选择一些尝试点,并在每个点定义双线性近似。

(3)选择 Pushover 方法,选择具体选项和定义具体细节。

(4)定义一个或多个新的反应谱,根据需要编辑已有谱。

(5)选择反应谱。

(6)画出能力曲线,在每个尝试点处得到一个相应的需求点。通过这些需求点的线就是需求曲线,需求曲线与能力曲线相交,这些交点给出了位移需求(目标位移或性能点)。

(7)检查评估性能位移的极限状态使用比。

10.2.2　定义反应谱操作

1. 反应谱形状

每个谱实际上都是组,有一些阻尼比的谱,反应谱形状有以下四个选项:

(1)FEMA 356 谱,形状与 FEMA 356 定义的一样,使用在 FEMA 356 定义的折减系数来转换 5%阻尼比的谱为其他阻尼比的谱。

(2)ATC 40 谱,形状与 ATC 40 定义的一样,使用在 ATC 40 定义的折减系数来转换 5%阻尼比的谱为其他阻尼比的谱。

(3)采用折减系数的标准形状,谱的形状基本与 FEMA 356 定义的一样,但必须定义折减系数(用来改变形状的参数)。

(4)折减系数的用户形状,必须定义每种阻尼比(最多 7 种阻尼比)的反应谱形状。

FEMA 440 线性化方法和能力谱法需要一个谱组,系数方法只使用 5% 阻尼的反应谱。

2. 增加或删除谱

选择 **Analysis phase** 和 **General Pushover** 模块切换到 **Spectra** 标签。

增加新的反应谱,点击 **New** 选择反应谱类型,点击 **OK**。输入需要的数据,点击 **Graph** 来显示反应谱,点击 **Save** 保存。

自动地,若已有相似的反应谱,则从表单中进行选择,点击 **Save As** 另存;输入新名称编辑数据,点击 **Save**。已有谱的数据在任意时刻都可编辑。选中后点击 **Delete** 可以删除已有谱数据。

3. 从不同结构复制谱

定义结构的反应谱是与结构一起保存的。如果定义了结构的一些反应谱,并且在不同的结构中使用,则可以采取如下方法:

反应谱被保存在当前结构文件夹中的 PF3DPOA 文件中。文件 PF3DPOA 不是 text 文件,而且不能被编辑。为了使谱在其他结构中可用,可复制这个文件到其他结构的文件夹中。若其他结构已经有一个 PF3DPOA 文件,则这个文件将会被替代。因此,如需要保存已有文件,则需将其重命名。

反应谱也用在反应谱荷载工况中,反应谱定义其他荷载工况时不能用在 Pushover 分析。

10.2.3　能力曲线和需求曲线的操作

1. 选择任务栏

选择 **Analysis phase** 分析阶段和 **General Pushover Plot** 模块。

2. 画出能力曲线

选择 **Capacity** 标签,然后选择曲线类型,其中选项如下:

(1)基底剪力与参考侧移。

(2)基底剪力系数与参考侧移。

(3)谱加速度和谱位移。

若选择了谱加速度和谱位移选项,则必须选择计算谱加速度值的方法。

一般也会显示曲线的极值点,是极限状态使用比等于 1.0 的点,可以选择这些极限状态的选项,包括极限状态组。

若画出了极值点,则曲线将会显示成红色的线。点击 **Capacity** 标签底部的曲线来显示相应极限状态。在 **Capacity** 标签底部是比例系数和绘制矩形的窗口。

3. **Sa vs. Sd** 选项

若选择了谱加速度和谱位移选项,则 Pushover 曲线是谱加速度和谱位移图形。谱加速度需求可以通过反应谱获得。

Pushover 曲线中任意点的谱加速度能力依赖于结构的变形形状,有以下三个选项:

(1)采用第一弹性振型形状,对于二维结构确实是第一振型;对于三维结构是最大沿着 Pushover 方向的最大基底剪力的振型。若选择了这个选项,则 PERFORM-3D 会找到最好的振型。若应用规范 FEMA 356,则一般也会选择这个选项。

(2)对于 Pushover 曲线上的每个点,使用当前变形形状,其他的根据 FEMA 356。当前的偏移形状比弹性振型形状更好。采用这个选项,谱加速度实际上采用了 FEMA 356 中方程(3-16)计算得到的。

(3)对于 Pushover 曲线上每个点,使用当前变形形状替代 FEMA 356 中方程(3-16),采用理论上更一致的方程。

4. 能力谱加速度

实际上,FEMA 356 方程(3-16)给出了 Pushover 曲线上一点基底剪力(其中基底剪切能力等于水平荷载),相应谱加速度由下式给出:

$$S_{\text{a, capacity}} = \frac{1}{C_{\text{m}\phi}} \frac{H_{\text{capacity}}}{(W/g)} \tag{10.2}$$

式中，H_{capacity} 为基底剪力；W 为结构质量；g 为地面加速度；$C_{\text{m}\phi}$ 为无量纲第一振型形状的有效质量参数，等于沿 Pushover 方向的有效质量除以总质量，并由下式给出：

$$C_{\text{m}\phi} = \frac{[\{\phi\}^{\text{T}}[M]\{d\}]^2}{\{\phi\}^{\text{T}}[M]\{\phi\}} \frac{1}{(W/g)} \tag{10.3}$$

式中，$\{\phi\}$ 为振型形状；$[M]$ 为质量矩阵；$\{d\}$ 为 Pushover 方向余弦矩阵。若 Pushover 方向沿着 H1 轴，对于 $[M]$ 中每个 H1 质量的矩阵 $\{d\}$ 单位值，所有其他的质量都为零。类似的，若 Pushover 方向沿着 H2 轴，则对于 $[M]$ 中每个 H2 质量矩阵 $\{d\}$ 单位值，所有其他的质量均为零。这个方程存在以下两个潜在误差：

(1) 只在结构的侧移形状与振型形状 $\{\phi\}$ 成正比时是精确的。

(2) 只在 Pushover 荷载分布与 $\{\phi\}[M]$ 成正比时是精确的。

若采用 Pushover 曲线上一个点的 Pushover 荷载是 $\{R\}$，侧移形状 $\{r\}$，可得出：

$$S_{\text{a, capacity}} = \frac{(\{R\}^{\text{T}}\{r\})(\{r\}^{\text{T}}[M]\{d\})}{(\{R\}^{\text{T}}\{d\})(\{r\}^{\text{T}}[M]\{r\})} \frac{1}{C_{\text{mr}}} \frac{H_{\text{capacity}}}{(W/g)} \tag{10.4}$$

$$C_{\text{mr}} = \frac{(\{r\}^{\text{T}}[M]\{d\})^2}{\{r\}^{\text{T}}[M]\{r\}} \frac{1}{(W/g)} \tag{10.5}$$

对于特殊情况，方程(10.4)代入荷载 $\{R\}$ 与 $\{r\}\{M\}$ 可简化为：

$$S_{\text{a, capacity}} = \frac{1}{C_{\text{mr}}} \frac{H_{\text{capacity}}}{(W/g)} \tag{10.6}$$

若当前侧移形状与振型形状 $\{\phi\}$ 成正比，方程(10.6)转化成方程(10.2)。Pushover 方法是粗略的，而方程(10.2)的粗略可以接受。方程(10.4)可能显得比较复杂，根据 $\{R\}^{\text{T}}\{d\} = H$，可以简化为：

$$S_{\text{a, capacity}} = \frac{\{r\}^{\text{T}}\{R\}}{\{r\}^{\text{T}}[M]\{d\}} \tag{10.7}$$

若选择第一个选项（侧移形状的第一振型形状），PERFORM-3D 采用方程（10.2）计算 Pushover 曲线任一点的谱加速度；若选择第二个选项（FEMA 356 方程（3-16）的当前侧移形状），PERFORM-3D 采用方程（10.6）计算；若选择第三个选项（当前侧移形状），PERFORM-3D 采用方程（10.6）计算。

5. 定义尝试点

选择 **Points** 标签，最多能定义 6 个尝试点，但必须至少定义两个尝试点。当前点的属性显示在表格中。定义点的两个方法有"点击和拖拽"和"右击"，其中"点击和拖拽"更常用，而"右击"更简单。

采用"点击和拖拽"的方法，移动图形中的光标到所需侧移或位移值(**D**)处，然后左击、按住、拖拽生成双线性近似。对于 FEMA 356 近似双线性与曲线必须是相似的，双线性曲线的初始斜率必须与真实曲线在离屈服点 60% 距离处相交，面积比显示，在 60% 的点处有个小循环。拖动直到面积比都很接近 1.0（建议取 0.998 和 1.002 之间的值），并且在真实曲线上有个小圈。当释放鼠标后，双线性曲线属性在表格中高亮显示。若近似正确，则点击 **OK**；若近似不正确，则点击 **Clear**，然后重复以上操作。

采用"右击"的方法，移动图形中光标到所需侧移或位移值(**D**)，然后右击。一个 FEMA 356 双线性近似将会自动显示。若近似正确，则点击 **OK**；若近似不正确，则点击 **Clear**，然后重复以上操作。改变尝试点,选择数量,点击 **Clear**,定义新的尝试点。

定义尝试点不是为了增加位移值 D。一般会定义 2 个或 3 个尝试点来大致确定位移需求的位置,然后增加更多的点来精确地接近位移需求。

6. 周期计算

Pushover 方法都是采用尝试点依赖结构刚度的振动周期,并和阻尼比一起用于输入反应谱来获得谱加速度需求,如图 10.8 所示。

振动周期依赖结构刚度,因此可能会采用不同的刚度。刚度与 Pushover 曲线的斜率有关,如图 10.9 所示。

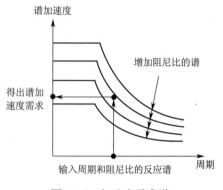

图 10.8　加速度需求谱

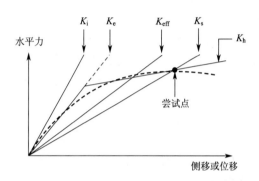

图 10.9　刚度

在图 10.9 中包含以下 5 种刚度(斜率):

(1)K_i 为 Pushover 曲线在原点的切线斜率。若结构在重力荷载作用下仍然是线性的,则 K_i 表示结构弹性刚度;但若结构出现了屈服或开裂,则 K_i 可能不是结构弹性刚度的精确值。

(2)K_s 为尝试点的割线刚度。

(3)K_e 为尝试点处双线性近似的弹性刚度,在 ATC 40 中为 K_0。

(4)K_h 为双线性近似的应变强化刚度。

(5)K_{eff} 为采用某些 Pushover 方法的有效刚度。

单自由度结构周期和刚度之间的关系,振动周期由所知的方程给出:

$$T = 2\pi\sqrt{\frac{M}{K}} \tag{10.8}$$

用类推的方法,如果在 Pushover 曲线上两节点 A 和 B 的刚度是 K_A 和 K_B,相应的周期由下式可得:

$$\frac{T_A}{T_B} = \sqrt{\frac{K_B}{K_A}} \tag{10.9}$$

在图 10.9 中,周期 T_i 假设为结构第一振型弹性周期,相应的初始刚度为 K_i。因此周期 T_e 及相应的刚度为 K_e,可由下式得到:

$$T_e = T_i\sqrt{\frac{K_i}{K_e}} \tag{10.10}$$

默认地,可以计算出周期 T_s 及相应割线刚度为 K_s,其中周期 T_e可由下式得到:

$$T_e = T_s\sqrt{\frac{K_s}{K_e}} \tag{10.11}$$

系数方法采用周期 T_e 输入反应谱,ATC 40 能力谱法采用周期 T_s,FEMA 440 线性化方法和修正能力谱法采用有效周期 T_{eff} 选项来计算周期。

在 **Points** 标签下可以选择以下两个计算周期的方法:

(1)采用弹性振型周期,每个尝试点的周期 T_e 根据方程(10.10)计算。这种方法虽然不一定最好,但经常使用,一般根据规范 FEMA 356 定义参数。

如前所述,若结构在重力荷载作用下屈服或开裂,这种方法是不精确的。为了避免这种情况,可以选择采用 Pushover 曲线初始斜率作为刚度 K_i,或直接定义 K_i。若选择第二种方法,则必须分别运行有和没有重力荷载结构的 Pushover 分析,从曲线初始斜率得到 K_i,并直接定义刚度 K_i。

(2)采用 Rayleigh 系数法,采用 Rayleigh 系数来计算每个尝试点的割线周期 T_s,然后采用方程(10.11)计算周期 T_e。这种方法有一些优点,理论上说是更近似的。Rayleigh 系数可以根据以下公式得到。Rayleigh 系数使得尝试点的侧移形状是 $\{r\}$,假设结构以侧移形状是 $\{r\}$ 振动,再根据尝试点的割线刚度确定周期。最大应变和动能由下式可得:

$$S_E = 0.5\{r\}^T[K_s]\{r\} = 0.5\{r\}^T[R] \tag{10.12a}$$

和

$$K_E = 0.5\frac{4\pi^2}{T_e^2}\{r\}^T[M]\{r\} \tag{10.12b}$$

式中,$[K_s]$ 为割线刚度矩阵;$\{R\}$ 为尝试点作用的 Pushover 荷载;$[M]$ 为质量矩阵。割线周期按下式得到:

$$T = 2\pi\sqrt{\frac{\{r\}^T[M]\{r\}}{\{r\}^T\{R\}}} \tag{10.13}$$

采用 Rayleigh 系数法,可以根据给出的偏移形状得到周期最好的近似解。由于 Rayleigh 系数法不依赖 Pushover 曲线初始斜率 K_i,因此结构在重力荷载作用下屈服或开裂不会影响 Rayleigh 系数法的计算结果。

若选择 Rayleigh 系数方法,则默认计算割线周期 T_s,并采用方程(10.11)计算 T_e。但希望可以在屈服点和尝试点之间的任一点定义 Rayleigh 系数,因为在尝试点的偏移形状对应于结构的最大位移,有效位移比最大位移小而更具有代表性。类似的理论用于修正能力谱法。若定义了比尝试点位移小的有效位移,则使用有效位移的刚度和周期来修正方程(10.13)和(10.11)。注意,若位移增加时偏移形状不改变,则位移增加不会影响选择的点。

注意周期和刚度的关系,只有当结构性能良好,周期 T 和刚度 K 的关系才是精确的。当变形增加时,偏移形状可能改变不明显;也可能因较低的强度损失引起偏移形状的局部变形。例如,带薄弱层的结构在楼层破坏之前的偏移形状,沿着建筑高度大致是线性的,沿高度大致一样。若 Pushover 曲线依据参考侧移画出,则也可能是不精确的(传统地基于参考侧移),并且侧移几乎不与质量和 Pushover 荷载相关,如图 10.10 所示。

在图 10.10 中的结构在平面是非对称的,并且作用在质心的 Pushover 荷载引起明显扭转变形。例如,在结构一面的参考侧移 A 并不能很好代表结构整体性能的结果,而且根据侧移 A 算得的周期可能不精确,而侧移 B 则更有代表性。

7. 选择 Pushover 方法和反应谱

选择 **Demand** 标签。从可用选项中选择性能评估方法,然后选择 **Details** 标签,定义以下基本信息:

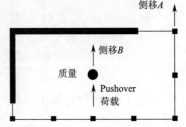

图 10.10　参考侧移的选择

(1)对于系数方法,选择计算系数 C_1、C_2 和 C_3 的方法,标签下有 FEMA 356、FEMA 440 和自定义选项。

(2)对于线性化方法,选择更接近结构的 **H vs. Δ** 的滞回环类型。FEMA 440 给出了不同滞回环的有效刚度和阻尼比方程和不基于滞回环的方程组;标签下也有自定义选项。

(3)对于能力谱法,选择能量退化选项。采用修正能力谱法定义有效侧移系数。若结构装设了液体阻尼器,则定义这些阻尼器耗能的有效系数。

定义以上信息之后,返回 **Demand** 标签。尝试点的属性将会在标签的表格中显示出来。若输入了任意自定义的值,则表格中相应单元格将会变成浅褐色。从表中选择反应谱,定义一个或多个谱和应用在谱加速度和周期中的比例系数。

若能力谱是基底剪力或基底剪力系数与参考侧移(若曲线不是谱加速度和谱位移),则必须选择一个谱加速度需求(可从反应谱中得到)转换基底剪力需求的方法,选项如下:

(1)使用第一弹性振型形状。

(2)使用当前侧移形状,否则参照 FEMA 356。

(3)使用当前侧移形状,但是采用更近似的方程替代 FEMA 356 方程(3-16)。

以上选项与谱加速度和谱位移为能力曲线的情况一样,而且理论也相同。不同点在于以上方法必须转换谱加速度需求为基底剪力需求,而不是转换基底剪切能力为谱加速度能力,而尝试点基底剪力需求可以由下式计算:

$$H_{\text{demand}} = \frac{S_{\text{a, demand}}}{S_{\text{a, capacity}}} H_{\text{capacity}} \tag{10.14}$$

式中,$S_{\text{a, demand}}$ 为根据反应谱得到;H_{capacity} 为尝试点的基底剪力。

同样选择基本周期的曲线,其灵敏度信息只影响需求曲线,而不会影响位移需求。这里选项有:①基本周期的线是垂直线;②连续周期线是射线。

8. 需求曲线图形

画出需求曲线点击 **Plot**。

对于性能评估,关键点是需求曲线与能力曲线的交点。需求曲线上的这些点由直线相连,若尝试点分布在交点,则可能不同于位移需求。为了使得位移需求更精确,选择 **Points** 标签,然后修改尝试点,最后返回到 **Demand** 标签,点击 **Plot**。

需求曲线给出了灵敏度的信息,如图 10.11 所示。

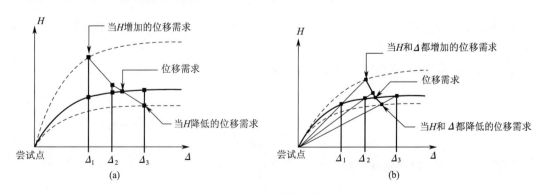

图 10.11　灵敏度信息

在图 10.11(a)中,采用相同的比例同时改变强度和刚度来改变能力曲线,基本周期的线是垂直线。图 10.11(a)显示了结构的强度将会增加多少从而使位移需求从计算的值减小到

Δ_1;同时,若位移曲线增加到 Δ_3,则强度将会降低多少。

在图 10.11(b)中,只有能力曲线随着强度改变而改变,刚度恒定,基本周期的线是射线。可以用这两类改变类型评估灵敏度,即选择垂直线或射线选项来改变恒定周期;也可以直接探究强度和刚度改变的效应。

9. 能力曲线缩放的敏感性研究

需求曲线包括两个特殊情况的灵敏度信息。通过按以下操作缩放能力曲线,可以进行更深入的敏感性研究。

在 **Capacity** 标签下有灵敏度信息的缩放比例的两个窗口,一个是力的比例系数,另一个是侧移或位移比例系数。为了研究改变强度和刚度的影响,定义这些系数的值,点击 **Plot** 来画出这些能力曲线,如前面画需求曲线那样处理。若改变了能力曲线,则必须定义一组新的尝试点。

10.2.4　性能评估

一般将会显示能力曲线的极值点。一般地,若所有相关的极值点在位移需求的右边,则性能可以满足。在这种情况,在位移需求中所有极限状态的使用比比 1.0 要小。为了更详细研究极限状态使用比,记下荷载工况和侧移需求,然后选择 **Usage Ratio Graphs** 模块。对于相同的荷载工况,输入与最大参考侧移一样的侧移需求,画出使用比图形。从这个图形中,可以看出所有极限状态的使用比是怎样变化的,直到满足侧移需求。

10.2.5　一致性

如前面所述,FEMA 356 方程(3-16)转换谱加速度为基底剪力,将会影响结果的一致性。

1. 谱位移计算

能力曲线按谱加速度和谱位移画出,需要曲线上每个点的谱位移。

若在某点的移动形状是 $q\{\phi\}$,其中 q 是(无量纲)振型幅值,谱位移由下式得出:

$$S_d = \frac{q}{\Gamma_\phi} \tag{10.15}$$

其中 Γ_ϕ 是沿着 Pushover 方法的振型质量参与系数,由下式给出:

$$\Gamma_\phi = \frac{\{\phi\}^T [M] \{d\}}{\{\phi\}^T [M] \{\phi\}} \tag{10.16}$$

FEMA 356 没有明确地定义方程(10.16),但在 ATC 40 有定义,而在 FEMA 440 中也被采用了。

若移动形状是 $\{r\}$,则可以采用以下更一致的公式:

$$S_d = \frac{q}{\Gamma_r} \tag{10.17}$$

$$\Gamma_r = \frac{\{r\}^T [M] \{d\}}{\{r\}^T [M] \{r\}} \tag{10.18}$$

这些方程也不一定正确,因为 S_a 和 S_d 存在以下关系:

$$\frac{S_a}{S_d} = \frac{4\pi^2}{T^2} \tag{10.19}$$

其中,对于 Pushover 曲线上的点,T 是割线周期。对于 Pushover 曲线上的点,若采用方程(10.2)计算 S_a,采用方程(10.15)计算 S_d,使用方程(10.10)计算周期 T(根据刚度比 s),而方程(10.19)一般不能满足,主要因为只有 Pushover 曲线上的点的 Pushover 荷载与$[r]\{M\}$成正比,S_a 和 S_d 才会一致,其中$[r]$是该点的侧移形状。另一个原因是 T 不能采用方程(10.10)或(10.11)精确计算得到。

因此,若采用根据基底剪力和参考侧移的 Pushover 曲线做性能评估,然后重新使用 S_a 和 S_d 的评估,可能会得到不一样的结果。例如,如果能力曲线一个形式的位移需求一般全在极值点,曲线另一个形式的位移需求一般不在这个极值点。当 Pushover 荷载类型明显不同于侧移形状(如均匀荷载类型),差别将会更大。

2. 建议方法

与理论一致的方法是采用方程计算 S_a,采用方程(10.17)计算 S_d 和 T 的 Rayleigh 系数。在这种情况下,性能评估不依赖能力曲线[证明方程(10.10)或方程(10.11)是精确的]。但这不是 FEMA 356、FEMA 440 或 ATC 40 定义的方法。为了实际分析,建议采用以下的方法:

(1)对于 FEMA 356 或 FEMA 440,同时对于系数和线性化方法,根据基底剪力或基底剪力系数画出能力曲线。若振型形状十分接近 Pushover 方向,则采用振型形状和 FEMA 356 方程(3-16)来转换加速度为基底剪力。若没有这些振型,则采用当前侧移和 FEMA 356 方程(3-16)。

(2)对于 ATC 40 能力谱法,根据 S_a 和 S_d 画出能力曲线。若振型形状十分接近 Pushover 方向,则采用振型形状计算 S_a 和 S_d。若没有这些振型,则使用当前侧移。

(3)为了更近似,对于任意 Pushover 方法,使用当前侧移形状和根据方程(10.7)的默认(恒定)方法转换谱加速度为基底剪力,同时选择 Rayleigh 系数方法计算周期。

3. 使用 S_a vs. S_d 选项的原因

Pushover 曲线的谱加速度和谱位移形式与反应谱(ADRS)加速度-位移形式是一致的。根据反应谱,加速度和位移同时显示出来,基本周期的线是射线。谱加速度和谱位移都是谱的形式,基本周期的线是竖直线。谱位移作为位移衡量是无用的,若基本周期的线是射线,则反应谱是较复杂的,所以采用 ADRS 原理占有优势。但采用 Pushover 曲线的谱加速度和谱位移形式有另外的优势,因为谱位移是结构整体有效位移,而不仅是每个点的位移(例如屋顶),所以根据谱加速度和谱位移得到的 Pushover 将更加良好。

更重要的情况是结构含有考虑强度损失的组件,根据基底剪力和参考侧移(一般根据顶层位移)的 Pushover 曲线可能效果不好,而谱加速度和谱位移将会形成一个更光滑的曲线。

10.2.6　耗能和阻尼

当结构屈服,通过非弹性行为滞回耗能。耗能影响动力分析的结果,所以也应在Pushover分析中考虑。

在动力分析中滞回曲线是环形的,所以可以直接考虑耗能;而在 Pushover 分析中没有循环加载,所以必须间接考虑耗能。

1. 刚度退化和能量退化系数

非弹性变形循环耗能和滞回环所围的面积有关。刚度退化的衡量对象就是有退化环的面积除以无刚度退化的面积,即能量退化系数。刚度退化越大,能量退化系数越小。

图 10.12 显示了简单结构的三个滞回环。如果没有刚度退化,滞回环如图 10.12(a)所示。在大多情况下,有刚度退化,滞回环可能如图 10.12(b)、(c)所示。

对于图 10.12(a)中所示的滞回环,能量退化系数为 1.0。对于图 10.12(b)中所示的滞回环,对于所有延性比 $K_h = 0$,能量退化系数为 0.5。若 $K_h > 0$ 时,能量退化系数将会随着延性比增加而增加。图 10.12(c)所示的滞回环能量退化系数也大约为 0.5。更多滞回环的能量退化系数相同,而其他能量退化系数可以根据改变滞回环参数得到。

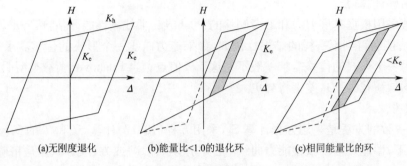

(a)无刚度退化   (b)能量比<1.0的退化环   (c)相同能量比的环

图 10.12 滞回环

能量退化系数用在全幅值变形循环中,图 10.12 中的阴影部分表示滞回环幅值更小的循环。若幅值更小的循环能量退化系数是相同条件下退化面积与无退化面积的比,这个比不必与全幅循环一样,而与图 10.12(b)、(c)也不同。这表明同时考虑刚度和能量退化比较困难。

2. 等效阻尼比

在黏滞阻尼的线性结构中,能量被黏滞阻尼消耗。若结构以恒定幅值和周期振动,阻尼比与临界阻尼比成正比,阻尼比可由下式得出:

$$阻尼比 = \frac{1}{4\pi} \left(\frac{每循环耗能}{最大应变能} \right) \tag{10.20}$$

方程(10.20)用于能力谱法,转换非弹性耗能为等效阻尼比,而不用于系数方法或线性化法中。

对于 ATC 40 中能力谱法(图 10.5),在尝试点计算阻尼比。耗能等于滞回环所围的面积,最大应变能是割线刚度下的面积或者 $0.5H\Delta$。对于修正能力谱法(图 10.6),在有效位移处计算阻尼比。在这两种情况下,滞回环面积和阻尼比依赖能量退化系数。

3. Pushover 方法中的退化

考虑 Pushover 方法的能量退化,应采用以下不同的操作:

(1)FEMA 356 系数法,系数 C_2 取决于结构是否退化。对于退化的结构,C_2 也取决于性能水平(临时居住、生命安全或防止倒塌),从生命安全到防止倒塌水平。实际上,这意味着随着延性比的增加,能量退化系数降低了,但不能直接定义两者关系。

(2)FEMA 440 系数法用某个滞回环校正,在图 10.12(a)、(b)中的其中两个。在无退化和有退化两种情况下 C_2 方程是不同的。

(3)FEMA 440 线性化方法用某个滞回环校正,在图 10.12(a)、(b)中的其中两个。在无退化和有退化两种情况下方程是不同的。

(4)对于 ATC 40 中的能力谱法,阻尼比采用方程(10.20)计算尝试点。能量退化系数依赖无退化能量和结构行为类型(类型 A、B 或 C)。能量退化系数是 ATC 40 定义的。对于每种行为类型,随着无退化能量的增加,能量退化系数将会减小。类型 A 能量退化系数最大,类型 B 和类型 C 有所降低。PERFORM-3D 增加了用户类型,即用户定义的能量退化系数。

(5)采用方程(10.20)计算有效位移处修正能力谱法的阻尼比,共有三个选项:第一个选项是使用 ATC 40 能量退化系数;第二个选项是定义相当于延性比的能量退化系数,与 ATC 40 操作一致,因为随着延性比增加,无退化能量也增加;第三个选项是根据结构组件性能和变形来估算退化的能量,直接计算能量退化系数,即"PERFORM-3D 法"。

4. 能量退化系数的"PERFORM-3D 法"

计算能量退化系数的 "PERFORM-3D 法"比其他方法更直接，步骤如下：

(1)根据当前变形估算分析模型中每个非弹性组件的无退化能量。

(2)采用 PERFORM-3D 能量退化系数来计算能量退化（对于非弹性组件，选择 **Component Properties** 模块和 **Cyclic Degradation** 标签）。根据当前变形计算每个非弹性组件的能量系数，能量退化量等于无退化总能量乘以能量退化系数。

(3)结构中所有组件都可归纳为无能量退化和有能量退化。

5. 液体阻尼器的附加阻尼

若结构采用了液体阻尼器组件的单元，则这些单元在 Pushover 分析中刚度为 0，所以没有抵抗力，并对能力曲线没有影响。但液体阻尼器增加了阻尼，所以会影响需求曲线和位移需求。可以粗略地计算附加阻尼，但只用于初步设计。主要步骤如下：

(1)当定义液体阻尼器组件的属性时，在 **Component Properties** 模块定义"static Pushover"属性，默认属性是零。

(2)采用能力谱法，是直接考虑大量阻尼的唯一方法；而其他方法是间接考虑阻尼的，不能考虑液体阻尼器的附加阻尼。

在 **Component Properties** 模块选择液体阻尼器组件，然后选择"static Pushover"标签，定义黏滞系数 C 和阻尼组件。对于 Pushover 分析的耗能，组件的力 F 根据下式计算得到：

$$F = C\dot{\delta}^n \qquad (10.21)$$

式中，$\dot{\delta}$ 为变形率。

在 Pushover 分析中，PERFORM-3D 计算轴向变形 δ；对于每个黏滞杆件单元，在能力曲线上的每个点，所有变形都假设集中在液体阻尼器组件中。假设弹性杆件与阻尼器连接为刚性的。假设结构等幅正弦振动，则振动周期是当前割线周期，所以变形率也正弦变化，而且计算得出阻尼器中力的变化（假设只有当 $n=1$ 时是正弦的）。然后可以得出每个振动循环包含所有黏滞杆件单元的耗能，采用方程(10.20)转换成阻尼比。

当画出了有黏滞杆件单元结构能力谱时，液体阻尼器的阻尼比将显示在水平轴上。

当计算出需求曲线，附加阻尼也被计算出了。可以通过在 **Details** 标签定义"液体阻尼器有效系数"来查看这种阻尼对位移需求的影响，定义系数为零来忽略附加阻尼。由于这种方法是近似的，所以这个系数在 0 和 1 之间取值可以得到较精确结果。

6. 强度损失和退化

对于低周反复荷载作用下的强度退化，$P\text{-}\Delta$ 效应和脆性行为都会引起强度损失。在 Pushover分析中，一般考虑脆性强度损失和非弹性组件的骨架曲线持续刚度退化。采用 $P\text{-}\Delta$ 理论合理地考虑 $P\text{-}\Delta$ 效应。这个理论考虑在变形形状下结构力的平衡，而线性理论考虑结构在未变形下力的平衡。真正的大位移理论更进一步考虑节点位移和单元变形之间的非线性关系。一般很少考虑真实大位移效应，若需要考虑真实大位移效应，则必须考虑地震分析中的真实大位移效应。强度损失可能引起刚度能力曲线中刚度 K_h 为负，可能会引起动力分析中不可预测的行为。

FEMA 356 系数方法采用系数 C_3 考虑强度损失。FEMA 440 系数法采用 $C_3=1$，并且附带强度损失量的限制。FEMA 440 线性化法使用负值 K_h/K_e 来校正动力分析。对于能力谱法，反应谱考虑强度损失。一般地，任何原因引起的强度损失都是复杂的，并且很难从 Pushover分析或动力分析得到可信的结果。

10.3　非线性时程分析

10.3.1　概　　述

时程分析用来决定结构对于任意荷载的动力响应。要求解的动力平衡方程为：

$$Ku(t) + C\dot{u}(t) + M\ddot{u}(t) = r(t) \tag{10.22}$$

式中，K 为刚度矩阵；C 为阻尼矩阵；M 为对角质量矩阵；u、$\dot{u}(t)$、$\ddot{u}(t)$ 为结构的位移、速度和加速度；r 为所施加的荷载。若荷载包括地面加速度，则位移、速度和加速度是相对于地面运动的。

10.3.2　地震波记录

可以建立和保存一些地震波记录，然后可以使用这些地震波来定义地震荷载工况。下面将介绍如何建立地震波记录。

1. 管理地震波记录

建立新的地震波记录的步骤如下：

(1) 获得包含地震地面加速度的 text 格式文档；文档有不同的格式。

(2) 定义地震波记录组和名称。

(3) 将地面加速度文档转化为地震波记录。

然后在地震荷载工况中可以使用这些记录，并用于当前结构或其他结构。

当安装 PERFORM-3D 后便生成了以下文件夹：

C:\Program Files\Computers and Structures\PERFORM\PERFORM-3D\Program

在安装过程中，可以指定另外的文件夹。

第一次运行 PERFORM-3D ，程序会自动生成记录文件夹（若程序含有不同地震波记录，则记录文件夹将会在程序安装时生成）。若安装程序在默认的地方，则记录文件夹的路径为：

C:\Program Files\Computers and Structures\PERFORM\Records

所有的地震波记录必须位于记录文件夹中，否则程序无法找到这些记录文件。

在记录文件夹下，可以管理这些地震波记录到相关组，组中的记录是记录文件夹的子文件夹。若有许多记录，则最好使用文件夹组来管理地震波记录。

每次定义新的地震波记录，必须输入记录组的名称（最大为 12 字节）。若定义了新的记录组，则 PERFORM-3D 会生成相同名称的记录组作为记录文件夹的子文件夹。例如，命名记录组为"Group-A"，则记录组文件夹默认的路径为：

C:\Program Files\Computers and Structures\PERFORM\Records\Group-A

每次增加组的地震波记录，必须定义一个文件名（最大为 12 字节）和记录名称（最大 40 字节）。地震波记录以定义的文件名作为组文件夹中的文件保存。例如，若命名了地震波记录为"Eqke-A"组存入"Group-A"，则文件默认的地方为：

C:\Program Files\Computers and Structures\PERFORM\Records\Group-A\Eqke-A

当在地震波荷载工况中使用地震波记录，必须通过组名称和记录名称来区别不同记录。复制地震波记录从一台计算机到另一台计算机，文件名是很重要的。

一旦建立了记录组文件夹和文件夹中的多个地震波记录文件，不要改变文件夹或文件名。若修改了名称，则 PERFORM-3D 将可能无法找到这些地震波记录。

复制地震波记录，可以复制的内容如下：

（1）完整的记录文件夹。

（2）任意记录组文件夹。

（3）任何记录文件。

2. 建立新的地震波记录

地面加速度文件必须是 text 格式文件，在加速度数值开始前有一些解释行。文件剩下的必须包括如下的一种：

（1）仅有加速度，在每个恒定时间间隔，每行必须有固定数量的值。

（2）时间-加速度对，每行必须有固定数量的对。

（3）加速度时间对。

（4）加速度-速度-位移组，恒定时间间隔每行必须有固定数量组。

（5）时间-加速度-速度-位移组，每行有固定数量组。

（6）加速度-速度-位移-时间组。

每行的值可以由空格或逗号隔开。文件可以保存在软盘、CD 或硬盘上。

从 text 文件中读取地面加速度，然后建立相应地震波记录，选择 **Analysis phase** 和 **Load Cases** 模块，选择 **Dynamic Earthquake for the Load Case** 类型，然后点击 **Add/Review/Delete Earthquakes**。可以增加一个或多个新的地震波记录，检查任何已有的记录，或者删掉已有记录。

增加新记录的步骤如下：

（1）输入地面加速度 text 文件的名称。若复制文件到 **User** 文件夹，则需要输入文件名。否则必须给出文件完整路径。文件可以存在软盘或 CD。

（2）从下拉表中选择文件内容类型。

（3）如果内容类型仅有加速度或加速度-速度-位移组，在第 0 个时间步或第 1 个时间步定义时间间隔和任何第 1 个或组中值。若对第 1 个时间步定义存疑，则将初始值设为 0。

（4）从下拉表中选择加速度单位。

（5）定义持时来保存地震波记录的结果。

（6）定义每行加速度值的数量（或加速度-速度-位移组的数量）。

（7）定义在加速度值开始前的开头可跳过的行数。

（8）定义是否用空格或逗号隔开这些值。

（9）若记录存于已有记录组中，从表中选择组的名称。生成新的组，点击 **New** 并输入组命名。

（10）定义地震波记录的文件名和记录名称，仔细选择记录名称，因为在荷载工况中使用它们时，必须使用名称来区别。

（11）读取文件和建立地震波记录，点击 **Read File**。若文件读取成功，则可以画出地震波记录。若记录是正确的，则点击 **Save** 保存记录或点击 **Cancel** 修改记录，并再试一遍。

当建立了所有需要的记录，点击 **Return to Earthquake Load Case**。

3. 检查已有地震波记录

点击 **Load Cases** 模块检查地震波记录，选择 **Dynamic Earthquake for the Load Case** 类型，点击 **Add/Review/Delete Earthquakes**，在检查/删除地震部分，从表单中选择地面和记录名称。检查记录点击 **Review**，点击 **Delete** 可删除记录。

第 11 章 结果显示和输出

11.1 振型形状显示

通过比较 PERFORM-3D 线性分析模型、振型形状和周期来评价结构性能。可以在 Pushover 分析中采用振型模态，但必须仔细选择正确的振型形状。

在 **Mode Analysis Results** 模块可以绘制自动振型形状，并得到其他振型形状属性。

11.1.1 绘制振型形状

若定义了质量，则当定义分析工况时，可以计算出一个或多个振型形状和周期。这些振型形状是结构未加载时的弹性特性。绘制振型形状的步骤如下：

（1）选择 **Modal Analysis Results** 模块和 **Modes** 标签，如图 11.1 所示。

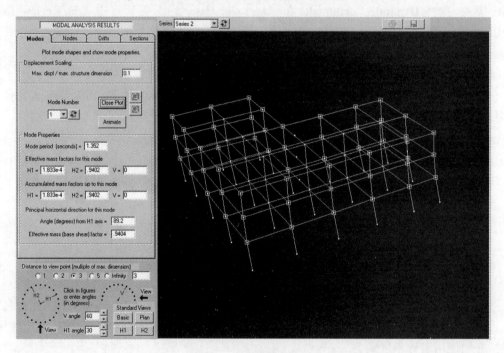

图 11.1 绘制振型形状

（2）定义位移比例系数，作为结构振型最大位移与最大尺寸的比例。默认为 0.1。

（3）从表单中选择模态编号。

（4）点击 **Plot** 绘制模态形状，然后点击 **Animate** 显示动态图形。

当选择了模态，则这个模态的以下属性将会被显示：

（1）模态周期，图 11.1 中的例子第一振型周期为 1.352 s。

（2）H1 和 H2、V 方向的模态有效质量参与系数。

（3）H1 和 H2、V 方向的振型累积有效质量参与系数。

（4）模态水平主方向及相应的有效质量（或基底剪力）参数，主方向沿着这个方向，水平有效质量最大。对于对称结构，主要振型的主方向是沿着结构对称轴的。对于完全扭转振型，基底剪力为零。

11.1.2　在 Pushover 分析中使用振型形状

可以在 Pushover 分析中使用振型形状，有以下两种方法：
（1）定义侧向荷载分布，采用单一模态或联合几个模态。
（2）作为绘制 Pushover 曲线的变形形状（有效振型形状）。
振型形状不可以在动力地震分析中使用。

11.1.3　竖向质量

在 PERFORM-3D 中可以定义竖向（V）质量。一般地，不应该定义结构的竖向质量。为了结构抗震性能评估，水平抗侧力一般是主要考虑的对象，而竖向质量的影响不是很明显。

若只有水平（H）质量，则结构性能对分布质量不是很敏感。若定义了竖向质量，则必须注意怎么放置质点。例如，若定义了刚性楼板，则可以将 H 方向的质量都集中在楼层质量中心，但可能不需要对 V 方向的质量这样做，而尝试使 V 方向质量集中在梁柱节点处。因为柱子有较大的轴向刚度，则存在相对较小的较高频率振动和柱变化的轴力。这些力的变化不可能影响结构的整体性能，但若结构有非弹性 P-M-M 铰或摩擦摆隔振器，则它们会使非线性分析效率大幅降低，也可能导致不精确。为了得到精确的分析，应选择较小的时间步。

对于大跨结构（如桥），竖向惯性力影响很重要，必须保证 V 方向质量分布是合适的方法，当选择动力地震分析的时间步时考虑竖向振动周期。

若定义了 V 方向质量，并采用振型形状来定义 Pushover 分析的荷载模式，则 V 方向质量可忽略不计，因为 Pushover 荷载方向是水平的。

11.2　能量图形显示

地震结构反应依赖于结构的耗能。在弹性结构分析中，一般假定黏滞阻尼耗能。在非弹性结构分析中，一般假定黏滞阻尼耗能，而部分能量由非弹性效应（屈服、摩擦等）消耗。

在 **Energy Balance** 模块，可以画出能量图形显示每种能量的量，它对评价结构性能分析是很有用的。

11.2.1　能量类型

1. 动力分析的能量类型
对于动力分析，有以下几种类型的能量，如下：
（1）质量动能。
（2）单元不可恢复的应变能。
（3）单元中非不可恢复的非弹性耗能。
（4）αM 阻尼器消耗的黏滞能。
（5）βK 阻尼消耗的黏滞能。
（6）模态阻尼消耗的黏滞能。

（7）液体黏滞阻尼器所消耗的黏滞能。

PERFORM-3D 在分析的每步都会计算每种能量，也计算结构外部的功。对于地震分析，外部的功是基底剪力做的功，而实际上是等效惯性力做的功。

2. 静力分析的能量类型

对于静力分析，有以下两种类型能量：

（1）单元应变能。

（2）单元消耗的非弹性能量。

PERFORM-3D 在分析的每步都会计算每种能量，也计算结构外部的功（外部静力荷载所做的功）。

若结构含有液体黏滞阻尼器组件，并定义了这些组件的 Pushover 属性，则 PERFORM-3D 也能估算阻尼器所消耗的黏滞能，虽然是近似值，但却提供了有用的信息。

3. 非弹性耗能和应变能的计算

对于任何结构组件，应变能和非弹性耗能的总和等于单元静力所做的功。一个简单组件的力-位移曲线（例如，非弹性组件）如图 11.2 所示。

若组件从 O 点通过屈服点 A 到状态 B 单调加载（如逐步增加变形和无卸载），组件所做的功等于力-变形曲线下 $OABC$ 所围成的面积。在这种情况下，一般不知道所做功转换成了多少应变能和消耗了多少非弹性能。唯一可以知道的是组件卸载后多少能量可以恢复。

图 11.2 显示了多种可能卸载路径中的以下两种情况：

（1）沿 BD 非弹性卸载，没有刚度退化，卸载刚度等于初始刚度。应变能是可恢复的功，即 BCD 所围成的面积，剩下的是非弹性消耗的功。

（2）有刚度退化的非弹性卸载，卸载刚度要比初始刚度小。应变能再次转化成功，即 BCE 所围成的面积，它要比第（1）种情况大；剩下的也是非弹性消耗的功，比第（1）种情况小。

在分析的每步，PERFORM-3D 计算每个组件的总静力功，等于状态 B 的 $OABC$ 面积。对于一个非弹性组件，PERFORM-3D 一般不知道总功是如何分配给应变能和非弹性耗能，一般只由卸载的组件来确定。因此 PERFORM-3D 估算应变能的量（或估算非弹性耗能），这种估算假设组件卸载时没有刚度退化。这就意味着 PERFORM-3D 可能会低估其有刚度退化的组件的应变能，而高估非弹性耗能。例如，若图 11.2 中的组件沿着路径 OAB 加载，然后沿着 D 或 E 卸载，PERFORM-3D 计算应变能和非弹性耗能如图 11.3 所示。

A 点以下是弹性的，应变能以变形的平方增长。在 A 点和 B 点之间，总的能量线性增长。若没有刚度退化，应变能保持恒定，非弹性耗能线性增加。PERFORM-3D 使用假定来计算能量，若没有刚度退化，沿 BD 卸载，应变能呈平方降低，而非弹性耗能不变。但若有刚度退化，则沿着 BE 卸载，应变能变化会更大，而非弹性耗能减少。

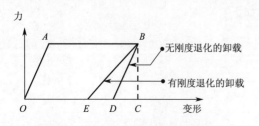

图 11.2　非弹性组件加载和卸载曲线

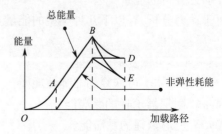

图 11.3　能量变化路径

因为非弹性耗能不可能减少,所以对于有刚度退化情况 PERFORM-3D 计算的能量是不正确的。

注意以下几点:

(1)若刚度没有退化,则所有点的耗能正确。

(2)对于有退化的情况,在卸载后的 E 点的耗能是正确的。

(3)当变形增加,耗能的误差将会变小。

(4)若组件循环加载,当在动态地震分析时,则耗能的误差将会变小。

(5)一般关心的不是耗能的绝对量,而是不同组件耗能的相对量(例如,对于框架结构,梁消耗的能量对比柱消耗的能量),因为相对能量消耗量比绝对能量消耗量的误差更小。

对于有刚度退化的组件,可能通过计算分析每步的退化刚度来得到更准确的能量(但不必精确)。但一般不这样做,因为 PERFORM-3D 只计算卸载时组件的退化刚度(可以计算每步的退化刚度),而且需要增加额外的计算量,并且也不容易获得更精确的能量评价。

总之,PERFORM-3D 计算的非弹性耗能是不精确的,而且不一定单调增加,但误差一般很小。

11.2.2　绘制能量图

1.整体结构的能量图

为了画出整个结构的能量图,选择 **Energy Balance** 模块和 **Structure** 标签,然后选择 **load case** 和点击 **Plot**,但只能画出动力分析的能量图,如图 11.4 所示。

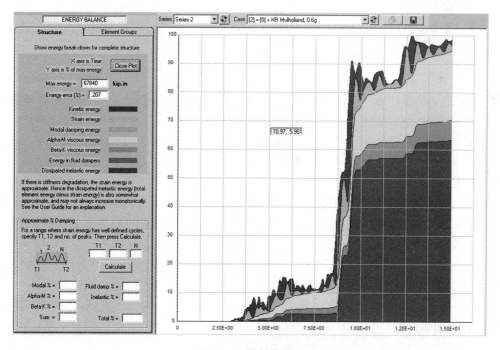

图 11.4　绘制能量图

2.单元组的非弹性能量

单元组的非弹性能量对于确定哪种单元组消耗非弹性能量最大值是很有用的。选择 **Elem Groups** 标签和 **Inelastic** 选项,从表单中选择 **Element group**,点击 **Plot**。图形将会显示总的能量消耗和所选择组消耗的能量比例。单击循环单元组表单,显示每个单元组的比例。

若结构装有黏滞阻尼器,则这些阻尼器消耗的黏滞能包括在总耗能中。对于 Pushover 分析,可以估算大致的黏滞能量。

3. 单元组 βK 能量

若只定义 Rayleigh 阻尼,则可以判断哪种单元组 βK 消耗的黏滞能是最大的。为了显示这一内容,选择 **Elem Groups** 标签和 **Beta-K** 黏滞阻尼选项,从表单中选择 **Element group**,然后点击 **Plot**。图形显示了 βK 消耗的总能量和这些组所消耗的能量比例。单击循环单元组表单,显示每个单元组的比例。

4. 能量误差

画出的能量是单元、质量、βK 阻尼器、αM 阻尼器和模态阻尼器内部的能量。PERFORM-3D 也计算外部的能量,即外部力所做的功。因为非线性分析由于结构的非线性性能而不精确,内部和外部的力将会有差距(平衡误差),外部和内部的能量也是如此。这就是分析的能量误差。

能量图可以显示动力分析中的内部和外部的能量。内部和外部的能量也会在 ECHO 文件中显示。这种能量误差将会很小,一个较大的误差(不大于 5%)表明分析是不精确的。

对于低强度损失的结构,误差将会变得更大。对于装有摩擦摆阻尼器的结构这种误差也将会很大。这些组件可能是数值敏感的,为了得到更精确的结构,必须使用比其他结构所需更短的时间步。

11.2.3　大致阻尼比

模态阻尼比作为临界阻尼比的百分数,是严格适用于线性结构性能的。而且,计算大致的等效阻尼比是可能的。下面将会介绍这一内容。

1. 理论

若黏滞阻尼的线性单自由度结构遭受恒定幅值的正弦强迫振动,则每个振动循环都存在耗能。整个循环耗能与循环最大应变能之间的关系如下:

$$\frac{消耗能量}{最大应变能}=4\pi\zeta \tag{11.1}$$

式中,ζ 为阻尼比。

若线性单自由度结构遭受地震荷载,则应变能会随着时间变化,如图 11.5(a)所示。每种应变能峰值对应每个循环。若耗能作为所有半循环的数量,阻尼比可以按下式计算:

$$\zeta=\frac{1}{2\pi N}\left(\frac{消耗能量}{应变能峰值平均值}\right) \tag{11.2}$$

式中,N 是半循环的数量(应变能峰值)。

对于多自由度结构,应变能变化是较为复杂的,如图 11.5(b)所示。因此,粗略估算等效阻尼比,计算如下:

$$\zeta=\frac{1}{2\pi N}\left(\frac{消耗能量}{2\times应变能峰值平均值}\right) \tag{11.3}$$

2. 操作

使用 **Energy Balance** 模块,选择荷载工况,点击 **Plot** 来绘制结构的能量平衡图。可以输入数据定义时间范围(从 T_1 到 T_2)和这个范围内应变能峰值数量。

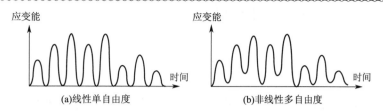

图 11.5　地震荷载应变能变化

在能量图中，选择应变能波谷，注意相应的时间（移动鼠标到波谷显示时间）。然后计算应变能峰值数量及其他波谷的时间。输入时间和峰值数量，点击 **Calculate** 来显示该范围内大致的阻尼比。这个比值是用来计算非弹性耗能和四个可能类型的黏滞阻尼，即模态阻尼、αM 阻尼、βK 阻尼和液体阻尼器。

11.3　侧移形状显示

对于研究结构性能，侧移形状图是极有用的。当单元着色显示使用比时，侧移形状图也是很有用的。

11.3.1　侧移形状

动力地震荷载作用下某点的侧移形状如图 11.6 所示。可以画出重力和 Pushover 分析得到的侧移形状图，可以画出分析的每步侧移形状，也可以自动显示侧移形状。

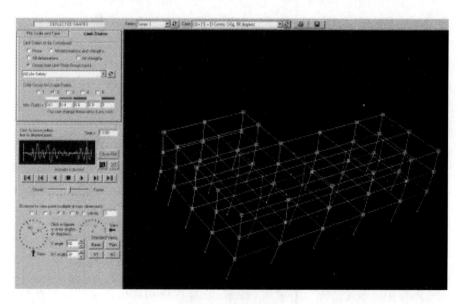

图 11.6　侧移形状图

有以下两个选项：

（1）只画出侧移形状。对于研究那些侧移集中楼层是很有用的。

（2）画出侧移形状，计算选择的极限状态的使用比，根据使用比赋予单元颜色。这对定义结构的临界单元是十分有价值的。但需要大量的计算来处理这些结构画出这类型形状，对于大型结构，在画出之前将会有明显的缓冲。

以上两种情况,也可以动态显示图形。

11.3.2 操 作

1. 只画出侧移形状

开始画侧移形状图,选择 **Analysis phase** 分析阶段和 **Deflected Shapes** 模块。在 **Plot Scale and Type** 标签下选择 **Entire elements** 选项。同时从分析工况表单中选择分析工况,从工况表单选择荷载工况。

当选择荷载工况,结构反应的缩略图出现了。对于动态地震分析,是参考侧移与时间的关系图;对于 Pushover 分析,是基底剪力与侧移的关系图;对于重力荷载分析,是荷载参数与荷载步数的关系图。

只画出侧移形状,没有使用比染色,步骤如下:

(1)选择缩放结构位移的方法。定义位移缩放系数或最大位移与结构最大尺寸的比值。

(2)选择侧移形状分析中的点。缩略图有黄色竖直线,将这个线放在图中那个点上,点击这个点。在画出侧移形状前后可以这样做,默认的是分析开始前的形状。

(3)点击 **Plot** 画出选中点的静力侧移形状。

(4)使用 **animation** 显示动态图形。可以移动图形至前或后一个时间步,跳到分析开始或结束,自动向前或向后。使用滑动控制显示速度。在动力分析中最快的显示设置是真实时间(只要计算机足够快)。

2. 使用比染色的侧移形状

增加使用比染色,则必须选中一组极限状态。选中 **Limit States** 标签,操作如下:

(1)选择所考虑的极限状态。一般选择极限状态组。

(2)选择颜色组。有 5 个预存的使用比范围,可以改变这些颜色组的范围。

(3)点击 **Plot**,继续上面操作。如前所述,在第一个图出现前可能会花费一点时间。

若在 **Plot Scale and Type** 中选择了 **Entire elements** 标签,每个单元的颜色依赖于该单元的使用比。一般情况,梁柱单元在两端有塑性铰,单元使用比是最糟的铰,图形无法显示哪个铰处于临界状态。

若在 **Plot Scale and Type** 中选择 **Components** 选项,则将会得到哪个铰是临界状态的图形。根据这个选项,可以画出所有单元图形,但只有框架类型(梁柱和支撑)单元被着色,构成每个单元的基本组件被着色,而不是整个单元。弯矩和 PMM 铰显示圆圈,剪力和轴向铰显示矩形,纤维截面段显示粗线。

3. 关于组件和整个单元的几点说明

(1)对于 **Components** 选项,只考虑变形极限状态。对于 **Entire Elements** 选项,考虑变形或强度极限状态。

(2)图形不使用隐藏线清除。若采用 **Components** 选项和画出许多框架类型单元,铰组件的圈会以奇怪的方式重叠。一般最好建立框架平面不包括许多单元,画出这些框架的结果。

(3)对于 FEMA 梁和 FEMA 柱组件,每个组件被 PERFORM-3D 分成铰组件和弹性段,这种方法中 FEMA 组件需要弯矩和端部转角的关系。在图中,FEMA 组件在它们的端部有圈,对于弯矩或 PMM 铰也一样。每种圈的颜色根据相应的 FEMA 组件的使用比。

(4)两种选项的图形都可以打印,但只能保存 Entire Elements 选项的结果到 text 文件。

(5)可以在两个选项间切换,而不用关闭图形。

（6）点击 **Plot/Close Plot** 下面的图标来缩放图形。

（7）使用直线画出框架类型单元，不是其真实的侧移形状。采用 **Moment and Shear Diagrams** 模块来查看真实的侧移形状。

4.其他方面

若定义了一些框架，则在窗口显示框架列表。若选择了框架，则只能画出框架中的单元。

可以点击在 **Plot Scale and Type** 标签下的缩小和放大来缩放图形。在侧移形状图中，使用直线画出单元。可以采用 **Moment and Shear Diagrams** 模块检查单个梁、柱和支撑单元的详细侧移形状。

5.保存使用比到文件

若可以使用工具条 **save to file**（显示绿色），则点击它来保存使用比到文件。

需要输入文件名和描述。默认地，文件被保存在 **User** 文件夹。文件包括描述信息、单元数量、节点坐标和每个单元使用比。

保存的使用比是当前侧移形状的使用比。例如，若考虑动力地震分析的使用比，则它是当前选择的这个时间的。为了得到地震最终的值，应保证运行到地震结束，并画出结束时着色的侧移形状。对于 Pushover 分析，可能想输出侧移使用比而不是分析最终的侧移（当在 **General Pushover Plot** 或 **Target Displacement Pushover Plot** 模块，一般在估算侧移需求时输出它们）。

11.4 绘制时程曲线

时程曲线图形用来监测结构性能是很有用的，可以画出不同点和单元结果的时程曲线图形，还有侧移和结构截面；可以在动力地震分析中使用这个图形，而且也可以在重力荷载分析（用荷载参数取代时间）和 Pushover 分析（用参考侧移取代时间）中采用这一功能。

11.4.1 节点时程曲线图

1.选项

根据节点的结果，可以画出以下时程曲线（只能画出动力分析中的速度和加速度时程曲线）：

（1）任意节点的 H1、H2 或 V 方向的平动或转动，相对于地面的位移。

（2）任意节点的 H1、H2 或 V 方向的平动或转动速度，相对于地面的速度。

（3）任意节点的 H1、H2 或 V 方向的平动或转动加速度，相对于地面的加速度。

（4）任意节点的 H1、H2 或 V 方向的平动或转动相对加速度，相对于地面的加速度减去地面加速度。

若选择了绝对加速度和支座点，则可以画出地面加速度，这样可以检查定义的地震荷载是否正确。若画出了任意点的绝对加速度，则可以画出加速度记录的反应谱。对于楼面的节点给出楼面的反应谱，对于地面的节点则给出地面运动的反应谱。

2.操作

对于节点时程曲线图，点击 **Analysis phase** 分析阶段和 **Time History** 模块。在时程曲线表格中选择 **Node** 和 **Single Node** 标签。

在标签下从工况表单中选择分析工况，从荷载表单中选择荷载工况，步骤如下：

（1）选择要画出的结果类型。

(2)选择平动或转动方向。

(3)定义位移单位。

(4)单击选择节点,定义新的截面,点击 **Clear**,重复以上操作。

(5)点击 **Plot**。

对于绝对加速度,当点击 **Plot** 时,可以输入阻尼比和其他一组相应反应谱数据。点击 **Plot Spectrum** 画出反应谱。

11.4.2　保存多个节点时程曲线

根据需要保存多个节点时程曲线,可以先画出后单个保存,但不方便。更快的方法是选择 **Multiple Nodes** 标签,步骤如下:

(1)选择画出的结果和位移单位。

(2)单击或窗口选择,选择节点,点击 **Clear** 重复以上操作来建立新的截面。

(3)选择是否只保存时程曲线的最大、最小值。

(4)点击 **Save**。

输入文件名和描述。文件默认保存在 **User** 文件夹,包括描述和其后两列 X-Y 值。

11.4.3　单元时程曲线图

对于单元时程曲线图,选择 **Analysis phase** 分析阶段和 **Time History** 模块,在时程曲线表格中选择 **Element** 和 **Single Element** 标签。从工况表单中选择分析工况,从荷载工况表单中选择荷载工况,步骤如下:

(1)从表中选择单元组,选择的单元组将会显示为蓝色。

(2)点击图形,选择单元,其颜色会变为红色。点击 **Clear** 重复以上操作,定义新的截面。

(3)选择是否将单元作为整体画出结果(结构组件或强度截面)。某些选择是不可用的,例如只能选择框架类型单元的强度截面。

(4)对于组件或强度截面结果,选择组件或强度截面的类型,依赖于单元类型,具体如下:①若单元由单个基本组件构成,则选择在组件类型表单中显示的组件;②若单元是框架类型,则将会在表单中显示一些基本组件和一些强度截面,选择组件或强度截面(若单元有两个塑性铰组件,则需仔细选择正确组件);③若单元是剪力墙单元,则选择弯曲组件和剪力组件;④若单元是一般墙单元,则选择两个弯曲组件和两个剪力组件;⑤若单元是黏滞杆,则选择黏滞阻尼器和弹性杆组件。

(5)选择选中的这些组件或强度截面的结果,选择依赖的组件类型。

(6)定义长度和力单位。

(7)点击 **Plot** 画出图形,X 轴是时间、参考侧移或荷载系数,依赖于荷载工况类型,Y 轴是结果数值。

11.4.4　保存多个单元的时程曲线

保存多个单元时程曲线,可以单个画出然后保存,但不方便。而更快的方法是选择 **Multiple Elements** 标签,步骤如下:

(1)若当前视图为整个结构视图,则在当前单元组中的单元显示为蓝色。若当前视图为框架视图,则在当前单元组中的单元会显示为蓝色,显示为蓝色单元的结果会被保存;也可以通过选择单元组合框架选择单元,而不是点击单元。若当前视图不能显示所需的单元,则必须回到 **Add or Delete Frames** 模块,定义所需单元的框架,因为若保存多个单元的结果,则可能会在不同的分析中操作多次。若定义了所需单元框架,则只需对这些单元定义一次,则可通过选择单元框架来选择这些单元。

(2)选择是否要保存单元或组件的结果,因为所有单元组中的单元有相同单元的结果(可以选择)。但框架类型单元的基本组件顺序不同,只能选择单元的基本组件顺序相同。若选择了组件结果,则单元是不一样的,程序将会提示错误,因此必须回到 **Add or Delete Frames** 模块,定义相关单元的框架。

(3)选择想要保存的结果和单位。

(4)点击 **Save**,根据提示保存结果。

11.4.5　侧移或挠度时程曲线

对于侧移或挠度时程曲线,点击 **Analysis phase** 分析阶段和 **Time History** 模块,在时程曲线表格中选择 **Drift/Deflection** 标签和 **Single** 或 **Multiple** 标签。在标签下的分析工况表单中选择分析工况,在荷载工况表单中选择荷载工况。

对于单个侧移和挠度,从表单中选择侧移或挠度,然后点击 **Plot** 画出图形。若工具条上的 **save to file** 可用(显示绿色),则点击它保存当前时程曲线到 text 文件。对于多个侧移或挠度,在表格中选择所需要的侧移或挠度,点击 **Save**。侧移是无尺寸的,对于挠度可以选择位移单位。

11.4.6　结构截面时程曲线

开始新的结构截面图形,选择 **Analysis phase** 和 **Time History** 模块。在时程曲线表格中选择 **Structure Section** 标签和 **Single Sect** 或 **Multiple Sects** 标签。在标签下的分析工况表单中选择分析工况,在荷载工况表单中选择荷载工况。

对于单个结构截面,选择结果类型和单位,从表单中选择截面,点击 **Plot** 画出图形。若工具条上的 **save to file** 可用(显示绿色),通过点击它保存当前时程曲线到 text 文件。对于多个截面,选择结果类型和单位,选择表格中所需的截面,然后点击 **Save**。

11.4.7　画出多个荷载工况的截面结果

1. 用途

可以画出单个截面和多个荷载工况的结构截面的结果(如基底剪力),但只在 Pushover 荷载工况中应用,用途如下:

(1)对比不同侧向荷载工况的 Pushover 曲线(一个限制是荷载工况必须与分析工况相同)。例如,不能直接对比有 P-Δ 效应和没有 P-Δ 效应的 Pushover 曲线。为了对比这些时程曲线,必须保存时程曲线到 text 文件,然后在电子表格中编辑。

(2)画出层剪力的滞回环,必须采用一般加载顺序和使用循环 Pushover 加载;如果画出对应层剪力的结构截面力,则将会得到滞回环曲线。

2. 步骤

(1)选择 **Analysis phase** 分析阶段和 **Time Histories** 模块。

(2)选择 **Structure Section** 和 **Multiple Loads** 标签。

（3）选择结果类型和单位。

（4）从表中选择结构截面。

（5）选择表格中所需的 Pushover 荷载工况。

（6）点击 **Plot**。

11.5　绘制滞回曲线

11.5.1　目　的

滞回环图形对于判断非弹性组件（黏滞阻尼器也一样）性能是有用的。弹性组件没有滞回环。

一般程序会画出动力地震荷载工况的滞回环，其中组件承受循环荷载。根据需要，可以画出重力和 Pushover 荷载工况的滞回环。因为这些荷载工况没有循环加载，滞回环曲线仅是单调递增的力-变形图形。PERFORM-3D 使用特别的滞回环模型。

11.5.2　操　作

定义新的滞回环图形，选择 **Analysis phase** 分析阶段和 **Hysteresis Loops** 模块，在滞回环表格中从分析工况表单中选择分析工况，从荷载工况表单中选择荷载工况。选择荷载工况，结构反应的缩略图将会出现。对于动力递增分析，显示为参考侧移与时间的曲线，步骤与绘制单元时程曲线相似。

11.5.3　截　止　角

画出的滞回环可能会有如图 11.7 所示的截止角，这不是错误。因为 PERFORM-3D 保存了每个时间步结束的分析结果，则每步的事件真实力-变形路径如图 11.7 虚线所示，但由于只画出了每步结束的点，所以角被截掉了。

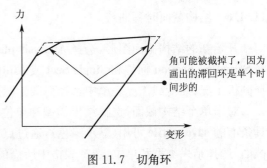

图 11.7　切角环

11.6　绘制弯矩图和剪力图

为了显示出基于截面力的剪力和弯矩图（如画出剪力墙的剪力图），显示出单个框架类型的详细侧移形状，显示出框架单元类型的重力荷载，**Moment and Shear Diagrams** 模块下可以画出单元或一行单元（但不是整个框架）的剪力、弯矩图形及包络图，也可以显示动态图形。下面将会介绍这些操作。

11.6.1　单元的详细结果

1. 单元截面

选择 **Analysis phase** 分析阶段和 **Moment and Shear Diagrams** 模块的 **Single Element** 标签，从分析工况表单中选择分析工况，从荷载工况表单中选择荷载工况，按下面步骤选择单元：

（1）从表单中选择单元组。只列出了框架类型的单元组，在图形界面选中的组显示为亮色。

（2）点击图形界面，选择单元，选中的单元颜色变为红色，点击 **Clear** 重复操作，定义新的截面。

（3）选择单位。

（4）选择结果类型，选项有：①单元荷载；②弯矩和剪力包络；③弯矩和剪力时程；④侧移形状。

2. 单元荷载选项

单元荷载选项，显示所选中单元的荷载，点击 **Plot**。对于重力荷载，这些为分析结束的荷载。只能在重力荷载工况中使用单元荷载。因此，对于 Pushover 荷载工况和地震荷载工况，单元荷载为常数。

在这些图形中所有单元画出是水平的，因为框架单元只允许有重力荷载，而重力荷载为竖向，不必要沿着单元的轴 2 或轴 3。点击 **Clear** 取消选择，然后重新选择新单元。

3. 弯矩和剪力包络选项

对于弯矩和剪力包络选项，画出所选单元的包络图，点击 **Plot**。对于重力荷载工况，图形显示了分析结束时弯矩和剪力图形。对于 Pushover 和动力地震荷载工况，图形显示了分析结束时的包络图，界面上的图形显示了符号法则。采用这个选项在图形顶部来切换单元 1-2 和 1-3 平面。

4. 弯矩和剪力时程曲线选项

对于弯矩和剪力时程曲线选项，结构反应的缩略图将会出现。对于地震荷载分析，图形是参考侧移与时间关系曲线；对于 Pushover 分析，图形是基底剪力与参考侧移的曲线；对于重力荷载分析，图形是荷载系数与荷载步数之间的关系曲线，按以下步骤画出弯矩和剪力图：

（1）定义长度和力单位。

（2）选择侧移形状分析中的点，将缩放图中有黄色的竖向线放置在图形中这点，点击这个点。

（3）点击 **Plot** 画出所选点的图形。

（4）使用 **animation** 使其显示动态图形。可以往前或往后显示单个时间步的图形，跳到分析开始或结束，或向前或向后，采用滑动键控制显示动态图形的速度。采用这个选项键在图形顶部来切换单元 1-2 和 1-3 平面。使用 **Clear** 取消选择或重新选择单元。

5. 侧移形状选项

在 **Deflected Shapes** 模块，按直线画出单元。对于侧移形状选项，可以画出详细的侧移形状，显示单元的曲率和铰转角。

对于侧移形状选项，结构反应的缩略图将会出现。对于动力地震荷载分析，图形是参考侧移与时间关系曲线；对于 Pushover 分析，图形是基底剪力与参考侧移的曲线；对于重力荷载分析，图形是荷载系数与荷载步数之间的关系曲线，按以下步骤画出侧移形状：

（1）定义位移比例系数。

（2）定义是否想要包括侧移形状的相对端部位移。

（3）选择侧移形状分析中的点，将缩放图中有黄色的竖直线放置在图形中这点，点击这个点。

（4）点击 **Plot** 画出所选点的静态侧移。

（5）使用 **animation** 使其显示动态图形。

使用这个选项键在图形顶部来切换单元 1-2 和 1-3 平面。在图形中,单元倾斜小于 45°的画成水平,单元更陡峭的画成竖直。使用 **Clear** 取消选择的单元或重新选择单元。

11.6.2 一行单元的弯矩和剪力图

选择 **Analysis phase** 分析阶段和 **Moment and Shear Diagrams** 模块的 **Line of Elements** 标签,从分析工况表单中选择分析工况,从荷载工况表单中选择荷载工况,步骤如下:

(1)从表单中选择单元组,只列出框架单元组,在图形界面选中的单元组显示为亮色。

(2)点击图形界面,选择单元,选中的单元颜色变为红色,点击 **Clear** 重复操作定义新的截面。

(3)选择单位。

(4)选择结果类型,选项有"弯矩和剪力包络"与"弯矩和剪力时程"。

(5)对于时程选项,选择第一个图形分析中的点,将缩放图中有黄色的竖直线放置在图形中这点,点击这个点。

(6)点击 **Plot**。

(7)点击 **animation** 显示动态图形。

即使是竖向的柱子,弯矩和剪力图形也在水平画出。

11.6.3 根据结构截面的弯矩和剪力图

画出根据结构截面的弯矩和剪力图,选择 **Analysis phase** 分析阶段和 **Moment and Shear Diagrams** 模块的 **Section Group** 标签。其余操作见第 7.2 节,定义剖切截面。

11.7 绘制目标位移曲线

第 10.2 节介绍了 Pushover 分析中的一些性能评估方法,包括 FEMA 356 系数(目标位移)方法。可以在 **General Pushover plot** 模块和 **Target Displacement Plot** 模块中采用这种方法,虽然两个模块的操作截然不同,但结果却是一样的。下面将介绍目标位移这一方法。

11.7.1 确定目标位移的方法

1. 概念

目标位移(或系数)法采用 Pushover 分析的能力曲线,采用经验公式来计算需求位移(目标位移),然后采用极限状态来评估在该位移处结构的性能。PERFORM-3D 采用的是侧移而不是位移。计算一个参考侧移的目标值,它一般是顶层位移除以结构高度。

目标位移图形的组成如图 11.8 所示,具体内容如下:

(1)能力曲线,是 Pushover 分析中侧向荷载和侧向侧移的关系曲线。

(2)估算的目标位移。

(3)能力曲线在估算侧移处的双线性近似。

(4)根据双线性接近计算的目标位移。

在图 11.8 中,计算目标侧移比估算值大,从而产生新的估算值,直到估算值与计算值接近为止,这就限定了目标侧移。

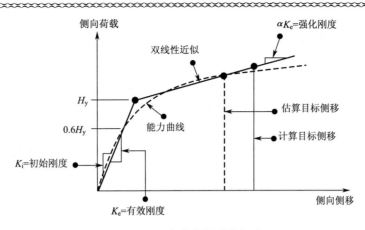

图 11.8　目标位移图形的组成

2. 目标侧移

计算目标侧移的公式如下：

$$\delta = C_0 C_1 C_2 C_3 S_\delta \tag{11.4}$$

式中，δ 为计算目标侧移；S_δ 为弹性结构的需求反应谱位移；C_0 为将反应谱侧移转换为参考侧移的系数；C_1 为将弹性位移转换为非弹性位移的系数；C_2 为考虑框架类型和性能水平的参数；C_3 为考虑 P-Δ 效应的系数。

3. 反应谱侧移

弹性结构的反应谱侧移按照 FEMA 356 的具体步骤进行计算。计算需要能力曲线、反应谱、振型形状和振型周期。必须定义反应谱，振型形状一般采用第一弹性振型形状（PERFORM-3D 给出其他的选项），这个振型周期 T_e 是根据有效刚度的 K_e 得到的，详见 FEMA 356 的公式。

4. C_0 系数

C_0 系数是将反应谱的侧移转换为参考侧移（顶层侧移）的系数，这个反应谱侧移实质上是平均的侧移，顶层侧移在数值上大一些。但对于简化为糖葫芦串模型的建筑，两值基本上是一样的。对于高大的建筑物，顶层侧移可能是反应谱侧移的 1.5 倍。真实值是基于振型形状的。

在估算目标侧移处，可以选择使用振型形状或侧移形状，也可以输入自定义的数值。

5. C_1 系数

这个系数将刚度为 K_e 的弹性结构的侧移转换为如图 11.8 所示双线性行为的非弹性结构的侧移。这个系数是经验系数，详见 FEMA 356。

6. C_2 系数

这个系数考虑了结构和所需性能水平的质量。可以从两种结构类型中选择，即类型 1（较差，有较多刚度退化的结构）和类型 2（较好，有较少刚度退化的结构）。可以从三种性能水平中选择，即临时居住、生命安全和防止倒塌。

7. C_3 系数

若结构存在明显的 P-Δ 效应，则在达到目标侧移之前，能力曲线的切线刚度将是负的。对于静力荷载，表明结构不稳定将会倒塌。对于动力荷载，这种情况不可能发生，但严重破坏的可能性就会增加。这个系数考虑了 P-Δ 效应，根据硬化刚度 αK_e，双线性近似值。由于强度损失，也可能产生负刚度，但此时与 P-Δ 效应无关。

11.7.2   PERFORM 中的实现

定义目标位移图,必须至少有一个 Pushover 荷载工况的结果,而且必须计算结构的一个或多个振型形状。选择 **Analysis phase** 分析阶段和 **Target Displacement** 模块,在目标位移表格中,从分析工况表单中选择分析工况,从荷载工况表单中选择荷载工况。

这里有三个主要步骤,每一步都有一个子步。完整的第一步如下:

(1)定义一个弹性的设计反应谱。一张表格中的图表显示所需要的数据。

(2)选择框架类型。

(3)选择性能水平。

(4)选择曲线类型(剪力和参考侧移或基底剪力系数和参考侧移)。

(5)点击 **Check** 来检查数据。

若没有问题,则可以绘出能力曲线。完整的第二步如下:

(1)选择图形中的极值点,因为有极值点的图形会比无极值点的图形有用。

(2)可以点击图形上的极值点,被选中的点颜色会变成蓝色,相应极限状态的名称会在窗口显示,也可以在任意时间返回做这一步。

(3)点击 **OK** 进行第三步。

完整的第三步如下:

(1)估算一个目标位移,画出一个双线性近似值,根据软件界面的第 3A 步的说明进行操作,点击 **Clear** 重新开始。

(2)选择系数 C 选项,若选择任意系数的用户选项,则输入数值。

(3)点击 **Calculate** 计算并显示目标位移。

(4)重复步骤一直到计算值与估算值相接近。

第 3A 步的说明是定义双线性近似值的点击-拖拽方法(参照第 10.2 节)。对于 FEMA 356 的双线性近似值,可以使用较快捷的右击方法。

可以通过比较有极值点侧移和目标侧移来判断结构的性能。为了得到更详细的使用比,在 **Usage Ratio Plot** 模块,也可以画出目标位移处使用比。为了修改极限状态或显示任意极值点的极限状态,返回步骤二。

11.8   绘制使用比图形

11.8.1   使 用 比

当重力分析中荷载参数增多,或者当 Pushover 分析中侧移增大或当动力分析中时间步数增多,极限状态的使用比也会逐步地增大。使用比图形可以根据分析类型来显示随荷载参数、位移或者时间变化的使用比。用于动力分析的使用比图形的组成如图 11.9 所示。

在图 11.9 中可以看出有三种极限状态,上方的线表示考虑了三种极限状态使用比的最大值。每一个极限状态使用比的线条如图 11.9 所示。到 6 s 附近,极限状态由极限状态 B 来控制,之后由极限状态 A 控制,而极限状态 C 是不关键的。

在分析结束时,对于极限状态 B 和 C,使用比最大值小于 1.0,表明该结构满足这些极限状态的性能标准。但对于极限状态 A,使用比最大值大于 1.0,则表明该结构不满足整个极限状态的性能标准。

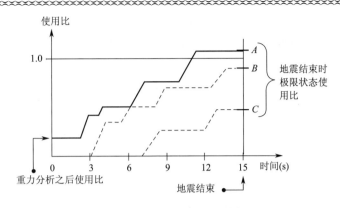

图 11.9　使用比图形的组成

11.8.2　操作过程

选择 **Analysis phase** 分析阶段和 **Usage Ratio** 模块绘制使用比图形。在使用比表格中,从分析工况表单中选择分析工况,从荷载工况表单中选择荷载工况。画出图表,选择考虑的极限状态,然后点击 **Plot**。画出使用比最大值的线,在显示之后,每组的极限状态都会用红色水平线标注出来。点击每条线可以画出极限状态所对应的使用比线,也可以在表格中显示极限状态的名称。

在绘图结束时,可以点击工具条右边的 **save to file** 来保存使用比。

11.9　荷载工况组合和包络

使用比图形和侧移形状,每次只考虑一种荷载工况的使用比。使用比包络模块允许定义荷载工况组合,计算使用比和显示这些组合。

有一些建立荷载工况组合和组合使用比的选项。理解所采用的组合方法是很重要的,可以在应用中选择更合适的选项。

11.9.1　概　　述

1. 荷载工况组合的主要步骤

(1)运行一些地震分析或 Pushover 分析。对于地震分析,通常需要输入多条地震波,每条地震波都可能需要考虑两个水平方向地震作用。比如,7 条地震波,每条波沿两个水平方向输入,则需要分析 14 次。对于 Pushover 分析,通常需要考虑两个方向的两个或者更多的横向荷载分配,同时在两个或者两个以上的水平方向对结构进行推覆。比如对于两个水平荷载分布在两个方向,需要分析 4 次。对于每个分析,用户需要通过一些规范限值计算得到使用比。对于动力分析,使用比是在分析之后设置;而对于 Pushover 分析,使用比是在每一个分析的位移(位移目标或者计算点)结束之后设置。

(2)具体设置一个或多个荷载工况组合。一个组合可以包含一系列的荷载工况,比如同一水平方向的 7 个地震工况。在这个工况里面应该有两个组合,每个都包含 7 个荷载工况。同时也可以选择,一个组合包含一系列荷载工况的组合,比如分为 7 组,每组两个荷载工况,每组都有两个水平方向的分析。这种情况下就是一个简单的组合,在 7 组中每组两个荷载工况需要进行 14 个荷载工况分析。

（3）若组合中包含有荷载工况组，则选择运用于每个组中的一个组合方法，即 **Maximum**、**SRSS**(平方和的平方根)和 **Sum**。

（4）选择运用于整个组的一个组合方法，即"**Mean-Max**"、"**Max-Mean**"和"**Max-(Mean＋NSigma)**"。

最后得到的结果是每个极限状态组合的使用比，可以和 **Usage Ratio Graphs** 模块中的图形一样被显示出来(除了最后需要显示的使用比，但不是关于时间和荷载的使用比图形)。对于单元的使用比，也可以在 **Deflected Shapes** 模块中的染色图形中显示出来。

2.荷载工况组合

一个荷载工况组合可以最多由 50 个荷载工况组成，也可以分为很多组。若划分组，则每组必须有相同数目的荷载工况。一个组合是可以同时包含静态和动态荷载工况的(但最好不这样)。

例如在地震分析中，结构沿两个方向输入 7 条地震波。对于每个分析，使用比可以在分析之后计算出结果。FEMA 356 允许使用比可以是 7 条地震波的平均值。这个荷载组合可以包含 7 个含有 2 个荷载工况的组。在每个组里(2 个地震方向)自定义比值，可以通过最大化法来进行组合。组(7 个地震)中使用比可以采用最大值-平均值方法进行组合。

再例如，对于对应 3 个模态的侧向荷载分布的静力 Pushover 分析的结构，每个振型均考虑两个方向。每一个分析，使用比通过层间位移值的估算值(目标位移)计算得到。使用比可以通过 Chopra-Goel 多模态的步骤组合确定。这个荷载工况可以包含两组，每组由 3 个荷载工况组成。每一组(3 种模态加载)中，使用比采用 SRSS 方法进行组合。贯穿于各组中(包含 2 个方向)，使用比则采用 Max-Max 方法进行组合设计。

3.组合方法

每一个荷载工况组的组合方法都是采取自定义的 Maximum、SRSS、Sum 方法进行组合。使用比可以是确定的值，也可以是零，因此符号也不是很重要。

贯穿于荷载工况的组合办法有 Max-Max，Mean-Max，Max-Mean 和 Max-(Mean＋NSigma)。为了更好说明不同之处，考虑含有两个单元(单元 1、2)的结构，每个单元都有 3 个荷载工况(荷载工况 A、B 和 C)的例子。考虑其中一个极限状态，每个单元的使用比见表 11.1。

表 11.1 使用比

单元 ＼ 荷载工况	A	B	C
单元 1	0.91	0.77	0.87
单元 2	0.67	0.83	0.75

该结构的极限状态使用比的计算方法如下所示，对四种方法做详细的阐释。

（1）Max-Max

对于每一个单元，使用比＝所有荷载工况最大值。

对于整体结构，使用比＝所有单元最大值。

第一单元使用比＝max{0.91,0.77,0.87}=0.91

第二单元使用比＝max{0.67,0.83,0.75}=0.83

整体结构使用比＝max{0.91,0.83}=0.91

（2）Mean-Max

对于每一个单元，使用比＝所有荷载工况最大值。

对于整体结构，使用比＝所有单元平均值。

第一单元使用比＝$\max\{0.91, 0.77, 0.87\}=0.91$

第二单元使用比＝$\max\{0.67, 0.83, 0.75\}=0.83$

整体结构使用比＝$\max\{0.91, 0.83\}=0.87$

（3）Max-Mean

对于每一个单元，使用比＝所有荷载工况平均值。

对于整体结构，使用比＝所有单元最大值。

第一单元使用比＝$\max\{0.91, 0.77, 0.87\}=0.85$

第二单元使用比＝$\max\{0.67, 0.83, 0.75\}=0.75$

整体结构使用比＝$\max\{0.91, 0.83\}=0.85$

（4）Max-(Mean+NSigma)

对于每一个单元，使用比＝平均值＋所有荷载工况的 N 次的标准偏差（修正值）。

对于整体结构，使用比＝所有单元最大值。

第一单元使用比＝取平均值 0.85＋修正值 0.059

第二单元使用比＝取平均值 0.75＋修正值 0.065

对于 $N=1$，整体结构使用比＝最大值$(0.909, 0.815)=0.909$

以上几种方法当中，Max-Max 方法是最常用的。若所考虑的地震波少于 7 条，则 FEMA 356允许使用这种方法。Max-Mean 方法是最不常用的；若所考虑的地震波多于 7 条，则 FEMA 356 采用 Max-Mean 方法；而 Mean-Max 方法介于 Max-Max 方法和 Max-Mean 方法之间，不包含在 FEMA 356 中。Max-(Mean+NSigma)方法也不包含在 FEMA 356 里面，但当采用能力设计时，对于强度极限状态是比较适用的。这种情况下，基于强度的 Max-Mean 方法不能充分确保结构基本弹性。

以上步骤和基于侧移、挠度或结构截面结果的极限状态极为相似，而与单元结果不同。例如，若侧移的极限状态有很多侧移值，则在表 11.1 中用侧移代替单元。

11.9.2　操　　作

1. 荷载组合

选择 **Analysis phase** 分析阶段，选择 **Combinations and Envelopes** 模块，不必运行同一分析工况中的分析。定义或者编辑一个荷载工况组合的步骤如下：

（1）点击 **New** 定义新的组合，输入组合的名称，输入每组的荷载工况个数并且选择一个合适组的组合方法。

（2）从模块中选择分析工况和荷载工况名称，建立组合中荷载工况表单，并且点击 **Add**。当添加荷载工况时，每个荷载工况组都会被赋予一个数字（可以点击 **Delete** 删除荷载工况）。

（3）完成表单之后，点击 **Save**。也可以在任意时间点击 **Delete** 或者 **Add** 编辑组合。

2. 结构的使用比

整个结构中计算和显示的使用比的设计步骤如下：

（1）点击 **Structure** 标签。

（2）选择组合方法。

(3)选择所考虑的极限状态。

(4)点击 **plot** 来显示结果,如图 11.10 所示。

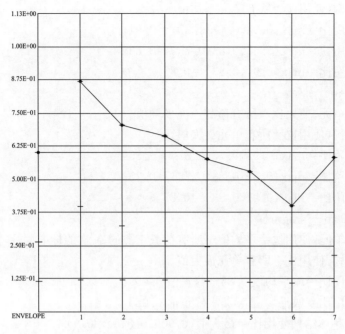

图 11.10　结构的使用比

　　该实例有 7 个荷载工况,每组中只有一个工况(组中没有组合形式)。对于每一个荷载工况而言都有一条蓝色的竖直线,每一个极限状态都有一条短的水平线,来体现荷载工况极限状态下的使用比。左边有一条红色的竖直线,也都有一条短的水平线代表极限状态,体现荷载组合极限状态下的使用比。如果点击红色线的任意极限状态,一条代表荷载组合使用比的红色水平线就会被画出来,同时一条代表相关荷载工况使用比的蓝色线也随之画出来,并且该极限状态的名称显示在表格下部的窗口中。

　　3.组分的使用比

　　用颜色区分的图片中显示组分使用比的步骤如下:

　　(1)点击 **Element Color** 标签。

　　(2)选择组合方法,贯穿于整个荷载工况的组合(或荷载工况小组),方法有 Max、Mean 和 Mean+Nsigma 方法,使用比不在组分中进行组合。

　　(3)选择所考虑的极限状态。

　　(4)为组分颜色选择一个颜色小组。

　　(5)点击 **Plot** 绘制整个结构的使用比。

　　该图和变形命令的图有相似之处,但并没有显示变形。

第4篇 实例篇

第 12 章　钢框架实例

12.1　结构概况

某简单钢框架结构的三维图如图 12.1 所示,单位为 kN,m。钢材为 Q345,层高为 3.6 m, X 方向和 Y 方向分别都为 3 跨,柱距为 7.2 m,共 3 层, 所有柱截面为 W14×193,所有梁截面采用 W27×94。 楼板采用 100 mm 厚 C30 现浇钢筋混凝土,钢筋级别为 HPB300。楼面附加均布恒荷载为 1.0 kN/m²,楼面活荷载为 2.0 kN,底层和二层的内外墙线荷载都取为 12 kN/m。本实例仅供学习基本操作,实际结构工程分析中的荷载还应考虑结构房间使用功能。

12.2　SAP2000 线性分析结果

定义质量源为 1.0DEAD+0.5LIVE,结构的模态分析结果见表 12.1。

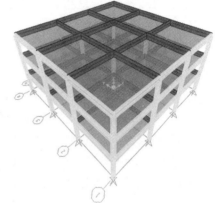

图 12.1　钢框架三维模型

表 12.1　SAP2000 周期和振型质量参与系数

振型	周期(s)	UX	UY	UZ	SumUX	SumUY	SumUZ	RX	RY	RZ	SumRX	SumRY	SumRZ
1	1.868	0.00	0.98	0.00	0.00	0.98	0.00	0.51	0.00	0.00	0.51	0.00	0.00
2	1.404	0.96	0.00	0.00	0.96	0.98	0.00	0.00	0.52	0.00	0.51	0.52	0.00
3	1.372	0.00	0.00	0.00	0.96	0.98	0.00	0.00	0.00	0.97	0.51	0.52	0.97
4	0.482	0.00	0.00	0.02	0.96	1.00	0.00	0.04	0.00	0.00	0.55	0.52	0.97
5	0.364	0.03	0.00	0.00	1.00	1.00	0.00	0.03	0.00	0.00	0.55	0.55	0.97
6	0.356	0.00	0.00	0.00	1.00	1.00	0.00	0.00	0.00	0.03	0.55	0.55	1.00
7	0.269	0.00	0.00	0.00	1.00	1.00	0.00	0.00	0.00	0.00	0.55	0.55	1.00
8	0.193	0.00	0.00	0.00	1.00	1.00	0.00	0.00	0.00	0.00	0.55	0.55	1.00
9	0.192	0.00	0.00	0.00	1.00	1.00	0.00	0.00	0.00	0.00	0.55	0.55	1.00
10	0.121	0.00	0.00	0.41	1.00	1.00	0.41	0.00	0.00	0.00	0.55	0.55	1.00
11	0.119	0.00	0.00	0.00	1.00	1.00	0.41	0.06	0.00	0.00	0.60	0.55	1.00
12	0.119	0.00	0.00	0.00	1.00	1.00	0.41	0.06	0.00	0.00	0.60	0.60	1.00

由表 12.1 可知,第一振型为 Y 方向平动,第二振型为 X 方向平动,第三振型为关于 Z 轴的转动。每层楼面质心坐标为(10.8,10.8),即几何中心(不规则的结构一般不在几何中心)。假定采用刚性楼板,则可以将楼层的所有质量集中在质心上。由于结构模型较小,因此在 SAP2000 中采用薄壳单元建立了楼板的模型,转化成 PERFORM-3D 模型之后,楼板单元为

弹性壳单元。

　　然后,可以选择两种建模方式,第一种方式是采用第 3.6 节介绍的方法将 SAP2000 中模型转化成 PERFORM-3D 的分析模型,这种方式比较简单,但后续修改工作比较大;另一种是直接在 PERFORM-3D 建立新的分析模型。为方便起见,本文采用第一种方式建立分析模型。

12.3　检查转换的模型

12.3.1　查看整体信息和节点数据

　　首先将转换之后的 PERFORM-3D 文件放在程序默认的路径中,参见第 3 章相关内容。点击桌面图标启动 PERFORM-3D 程序,点击 **Open an existing structure**。再选择 **Default**,界面视图如图 12.2 所示。然后从表单选择转换的结构文件 sf-model0,点击 **Open**,结构模型的总体信息如图 12.3 所示。由图可知默认的节点最小间距为 15 cm,可以修改,但一般最好不作修改。点击 **OK**,再选择 **NODES** 模块,点击 **Nodes** 标签,然后点击工具条上的 ▦ 节点坐标开关,即可显示每个节点坐标,如图 12.4 所示。

　　点击 **Masses** 标签,节点质量如图 12.5 所示,节点标记为绿色,三个方向的质量均一致。由于在模型中采用弹性壳单元建立了楼板,所以不采用刚性楼板约束。

12.3.2　查看单元的组件属性

　　选择 **ELEMENTS** 模块,在 **Current Group**(当前单元组)下拉表单中有三种转换后的单元组,分别为:**ElemSteelCol**、**ElemSteelBeam** 和 **ElemConSlabRamp** 单元组。点击 ⟲,则可以切换显示不同组中的单元,显示的当前单元组中单元为亮绿色,如图 12.6 所示。

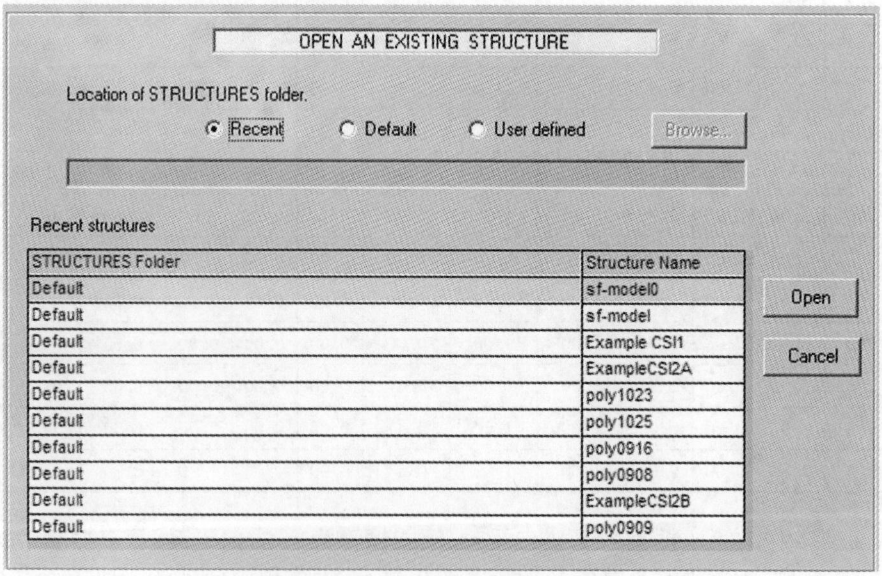

OPEN AN EXISTING STRUCTURE		
Location of STRUCTURES folder.		
⦿ Recent　　　○ Default　　　○ User defined		Browse...
Recent structures		

STRUCTURES Folder	Structure Name	
Default	sf-model0	Open
Default	sf-model	
Default	Example CSI1	
Default	ExampleCSI2A	Cancel
Default	poly1023	
Default	poly1025	
Default	poly0916	
Default	poly0908	
Default	ExampleCSI2B	
Default	poly0909	

图 12.2　从表单中选择已有结构

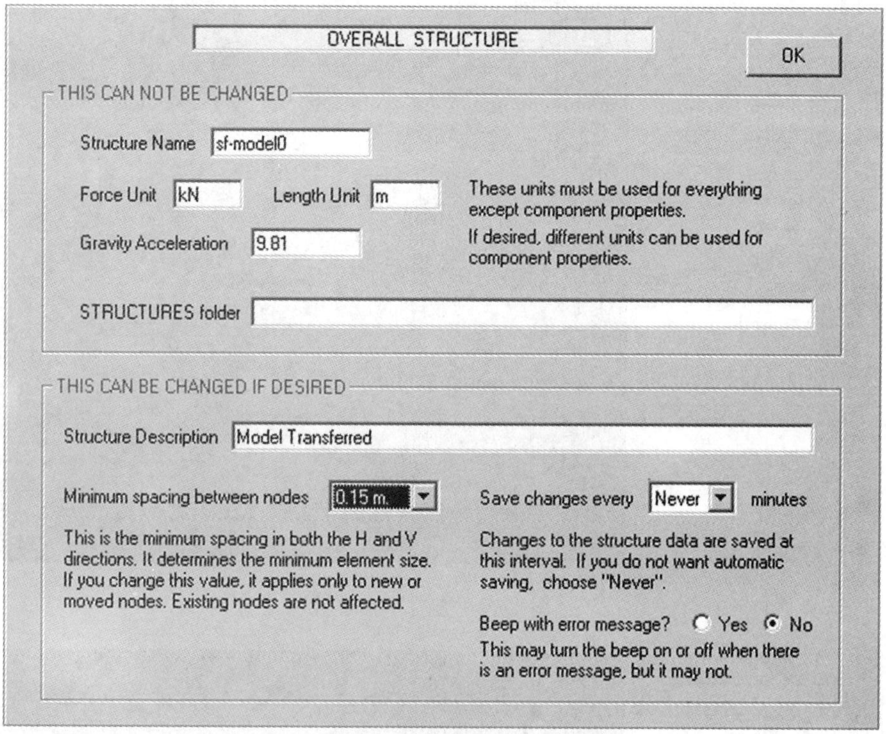

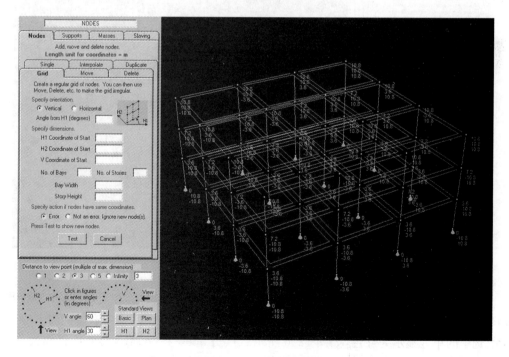

图 12.3　检查整体信息

图 12.4　查看节点数据

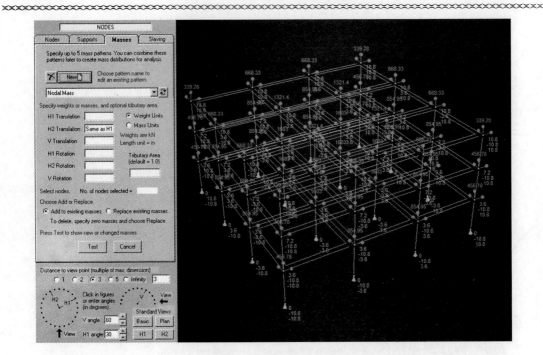

图 12.5　查看节点质量

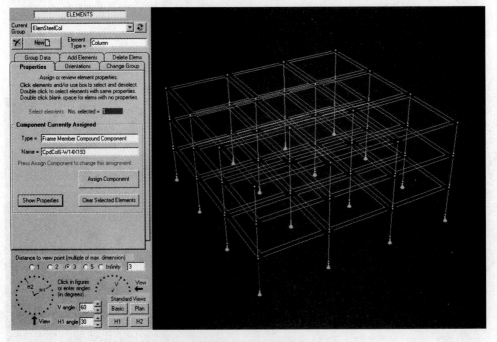

图 12.6　检查单元

　　点击 **ELEMENTS** 模块下的 **Group Data** 标签检查单元组信息。注意,柱单元一般需要考虑 P-Δ 效应,而梁单元和板单元则不需考虑。点击 **Properties** 标签,选中右边视图窗口中结构单元,选中的单元显示为红色,如图 12.6 所示。点击 **Show Properties** 显示组件属性,出现如图 12.7 所示的界面。注意,在 **ELEMENTS** 模块下只能查看单元的组件属性,而不能修改单元组件的属性;若要修改单元组件属性,则只能在 **COMPONENT PROPERTIES** 模块下进行修改。

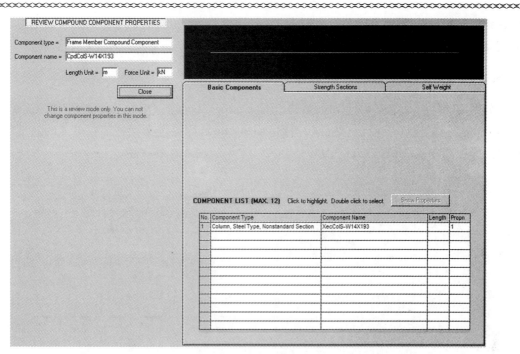

图 12.7 查看组件属性

12.3.3 查看单元的局部轴向

选择 **ELEMENTS** 模块下的 **Orientations** 标签,柱单元的局部轴向如图 12.8 所示,检查是否正确。同理,切换至梁单元组和板单元组便可查看梁单元和板单元的局部轴向。

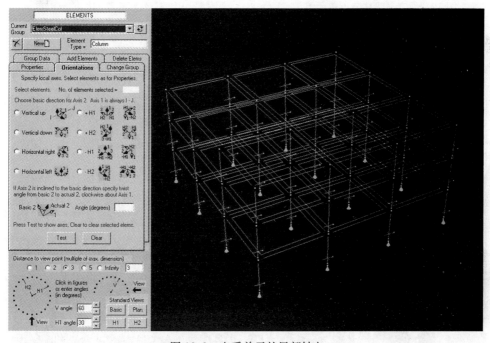

图 12.8 查看单元的局部轴向

关于单元局部轴向的定义,请参看第 6 章单元相关内容。另外还可以点击 **Add Elements**

标签添加新的单元,或者点击 **Delete Elems** 标签删掉单元。此处若需考虑梁柱节点的性能,则需定义梁柱节点单元。

12.3.4　定义梁柱节点单元

如图 12.9 所示,定义梁柱节点单元组 Conectpanel,点击 **OK**。选择如图 12.10 所示的 Grid 方式绘制梁柱节点单元。然后切换到 **Orientations** 标签定义梁柱节点单元的局部轴向,这里选择标准方式,如图 12.11 所示。

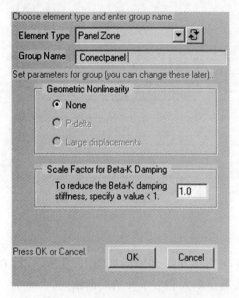

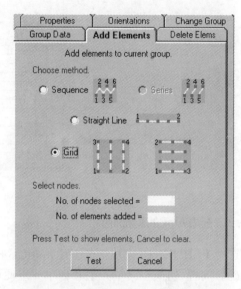

图 12.9　定义梁柱节点单元组　　　　　图 12.10　Grid 网格绘制梁柱节点单元

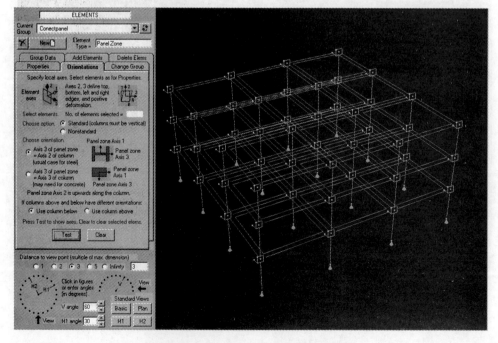

图 12.11　定义梁柱节点单元局部轴向

12.3.5　修改单元的组件属性

选择 **COMPONENT PROPERTIES** 模块,查看组件属性。点击 **Cross Sects** 标签,从下拉菜单中选择 **Beam**,**Steel Type**,**Nonstandard Section**(梁,非标准钢截面),转换后出现了两种截面,删掉其中柱所采用的截面,但会出现如图 12.12 所示的提示,点击"确定"。根据提示,必须先删掉框架复合组件 CpdBmS-W14×193,然后才能删掉 XecBmS-W14×193。

选择截面型号 W27×94,如图 12.13 所示。点击 **Check** 检查无误后,点击 **Save** 保存组件。

图 12.12　删除多余截面时提示

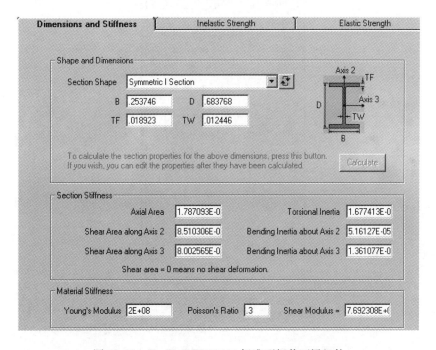

图 12.13　XecBmS-W27×94 标准型钢截面梁组件

同理,删掉 **Column**,**Steel Type**,**Nonstandard Section**(柱,非标准钢截面),删掉其中多余的 XecColS-27×94,则应先删掉框架复合组件 CpdColS-W27×94。选择截面 W14×193,如图 12.14 所示。

定义梁柱节点单元组件,点击 **Inelastic** 标签,从下拉菜单中选择 **Connection Panel Zone**(梁柱节点板区),点击 **New** 命名为 Connectpanel,输入的参数如图 12.15～图 12.19 所示。点击 **Check**,然后点击 **Graph** 显示出如图 12.20 所示的广义力-广义位移曲线。

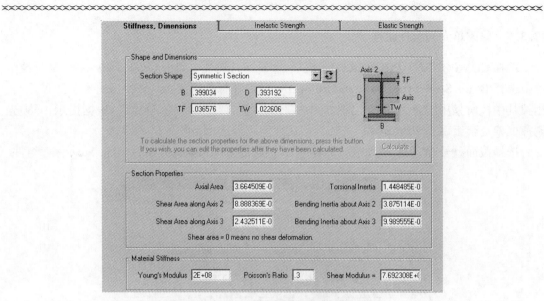

图 12.14　W14×193 标准型钢截面柱组件

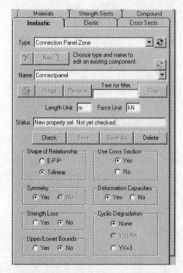

图 12.15　梁柱节点区域页面

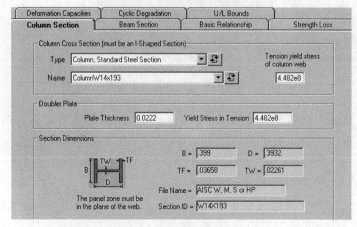

图 12.16　选择柱截面

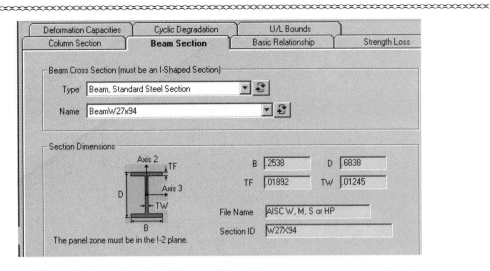

图 12.17　选择梁截面

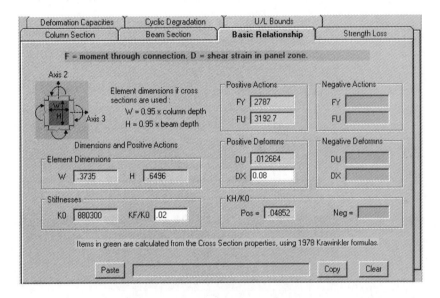

图 12.18　确定梁柱节点关系

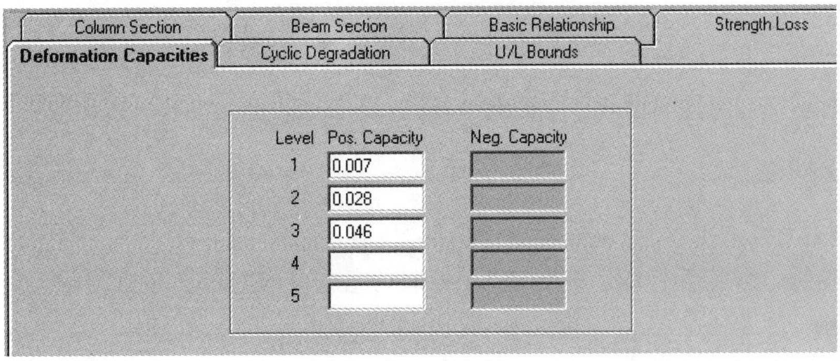

图 12.19　定义变形能力

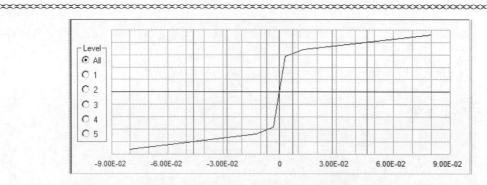

图 12.20　广义力-广义位移曲线

梁柱节点单元组件属性不需在 **Frame Member Compound Component** 中定义框架复合组件。返回 **ELEMENTS** 模块下的 **Properties** 标签，先将单元组切换至梁柱节点单元组 Conectpanel，再点击鼠标右键两次，然后点击鼠标左键，则未赋予组件属性的梁柱节点单元都被选中，并显示为红色。点击 **Assign Component**，按照图 12.21 所示选中单元的组件属性。

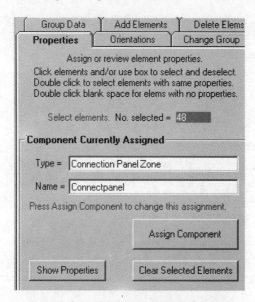

图 12.21　选择梁柱节点单元组件属性

点击图 12.21 中的 **Assign Component**，则成功将 Connectpanel 组件属性赋予给梁柱节点单元组中所有单元。点击如图 12.21 所示的 **Clear Selected Elements** 取消选中的单元，点击保存模型。暂时不需对组件属性和单元做其他修改，以免导致定义参数出错和缺失而影响分析。

12.3.6　定义框架

选择 **FRAMES** 模块，点击 **New** 定义新的框架，输入名称 line1，选中轴线 1 所有节点，选中节点显示为红色。然后点击 **OK**，则框架 line1 定义完成，框架 line1 单独显示，而其他部分显示为灰色，如图 12.22 所示。点击▓，则可以单独显示框架 line1，如图 12.23 所示。同理可以定义其他轴线上的框架，这与 SAP2000 中的定义坐标系类似。

在其他模块下可以点击工具条右边的下拉表单选择所需显示的框架，或者点击旁边的▓单独显示框架。

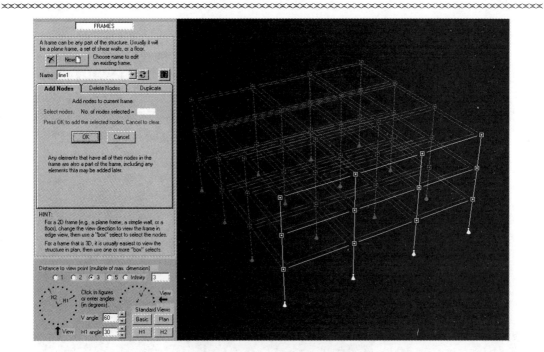

图 12.22　定义框架 line1

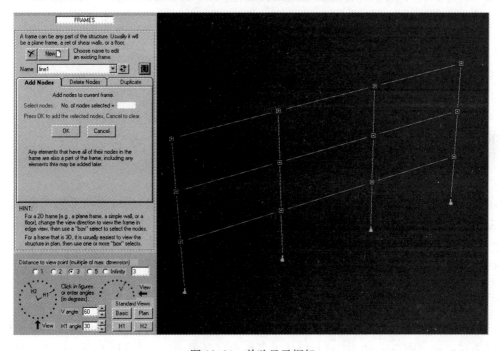

图 12.23　单独显示框架

12.3.7　定义侧移方向

选择 **DRIFTS AND DEFLECTIONS** 模块下的 **Drifts** 标签,点击 **New**,输入 H1-story1(侧移方向为第一层 H1 方向),选择底层的柱的上下两节点,点击 **Test** 预览,然后点击 **OK** 确定,如图 12.24 所示。注意必须先选择上端,然后选择下端,否则程序将会提示出错,如图 12.25

所示,点击"确定"和 **Cancel** 重新定义侧移方向。

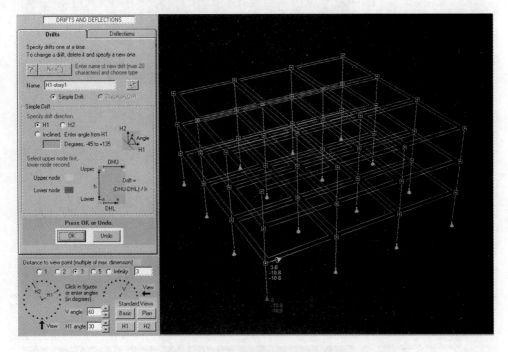

图 12.24　定义侧移方向 H1-story1

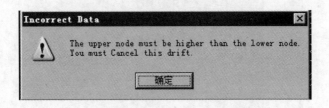

图 12.25　定义侧移方向的错误提示

　　转换模型自动生成了整个结构的侧移方向 H1 Drifts 和 H2 Drifts,这里需要定义每层的侧移方向来计算每层的层间位移角。侧移方向的命名简单明了,例如侧移方向 H1-Story1,表示第一层 H1 方向的侧移。每层有两个方向的侧移,结构共有三层,总共需要定义 6 个层间侧移方向。

12.3.8　定义剖切截面

　　选择 **STRUCTURE SECTIONS** 模块下的 **Define Sections** 标签,点击 **New**,输入 story2 Cut。这时需要利用程序的观察方向工具和框架来更好地选择单元。点击 H1 显示 H1 方向的平面视图,然后框选第二层的柱单元,选中的单元显示为黄色,剖切的端部有绿色的小矩形,如图 12.26 所示。点击 **OK**,则定义好第二层的剖切截面,相应的柱单元显示为红色。注意,切换单元组为柱单元 ElemSteelCol,框架切换至 story2,这样采用框选可以很快选中所需的单元。定义剖切截面 story2 Cut 主要用于后面计算楼层剪力。由于转换模型自动生成框架基底剖切截面 Frame Base Cut,所以还需要定义第三层的剖切截面 story3 Cut。

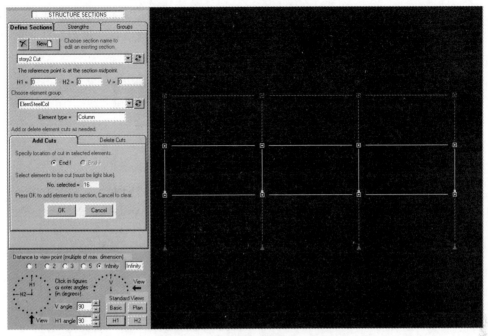

图 12.26　定义剖切截面 story2 Cut

12.3.9　定义重力分析工况

保存模型后选择 **Analysis phase** 分析阶段下的 **Set up load cases** 模块，选择 **Gravity** 分析工况，定义线性重力分析工况，输入参数如图 12.27 所示，点击 Save 保存定义分析工况。

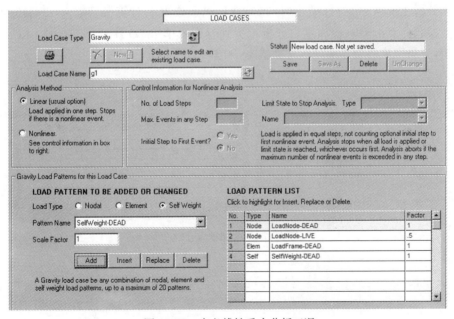

图 12.27　定义线性重力分析工况

12.3.10　运行分析

选择 **Run analyses** 模块，点击 **Check Structure** 检查分析模型，如有错误程序会提示警告。

模型无明显错误,则程序会弹出如图 12.28 所示的提示,点击确定,输入参数如图 12.29 所示。但模型中可能有一些错误是程序无法自动检查出来的,这需要用户自己根据分析运行情况和分析运行结果来作判断。

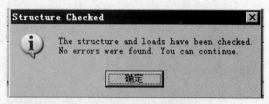

图 12.28　模型无错误

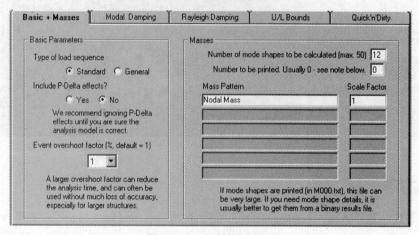

图 12.29　定义分析工况

　　输入分析工况名称为 s1,描述为 s1,质量比例系数为 1,计算振型数为 12,暂时不定义阻尼及其他参数。点击 **OK**,添加重力分析工况到分析表单中,如图 12.30 所示。然后点击 **GO** 运行分析,分析完成后会显示分析计算状态,如图 12.31 所示。

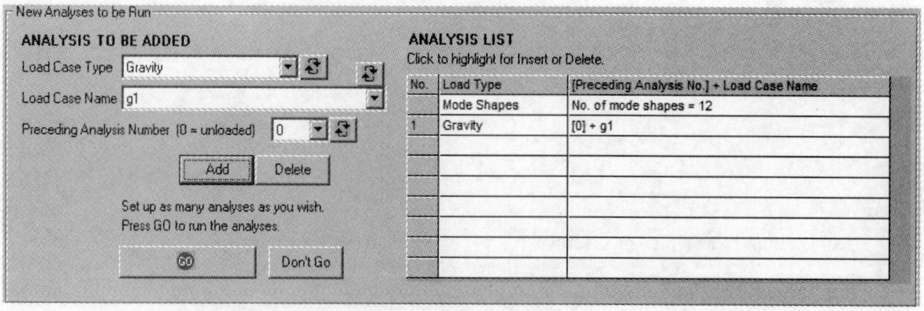

图 12.30　添加重力分析工况

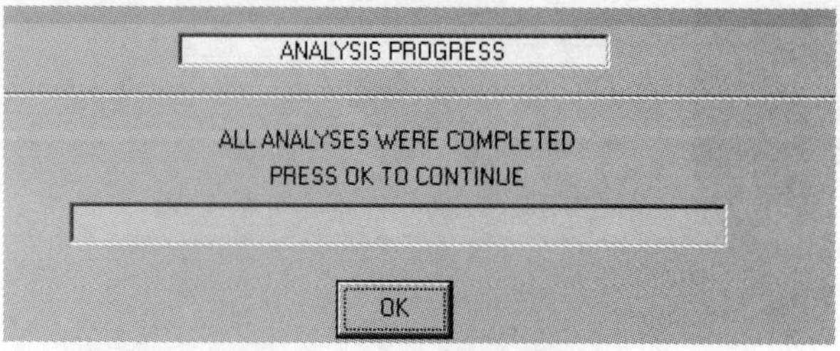

图 12.31　分析运行状态

若分析运行部分成功或不成功,则分析状态条显示为黄色;若分析全部成功则显示为绿色。

12.3.11 与 SAP2000 的线性分析结果对比

选择 **MODAL ANALYSIS RESULTS** 模块,点击 **Plot** 显示结构模态振型分析结构,如图 12.32 所示。将图 12.33 的结果与图 12.34 所示的 SAP2000 计算结果逐个振型进行对比,对比发现两种软件弹性模型计算的模态结果基本一致。

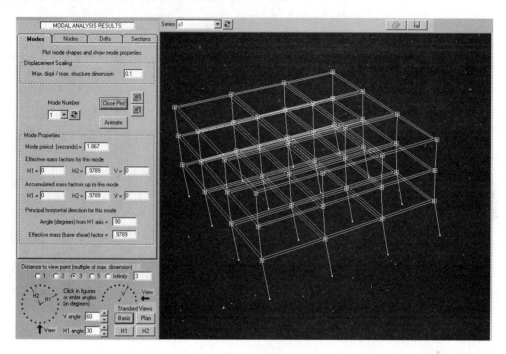

图 12.32 显示振型形状

图 12.33 SAP2000 中结构的振型形状

　　选择 **MOMENT AND SHEAR DIAGRAMS** 模块查看重力分析工况，点击 **Line of Elems** 标签，然后选择柱单元如图 12.34 所示。选择 **Moment and shear diagrams, envelopes only**（弯矩和剪力图，包络值）选项，然后点击 **Plot**，显示选中的柱单元在 1-2 平面内的弯矩和剪力如图 12.35 所示。对应的 SAP 2000 中的最左端柱单元的弯矩图如图 12.36 所示，剪力图如图 12.37 所示。

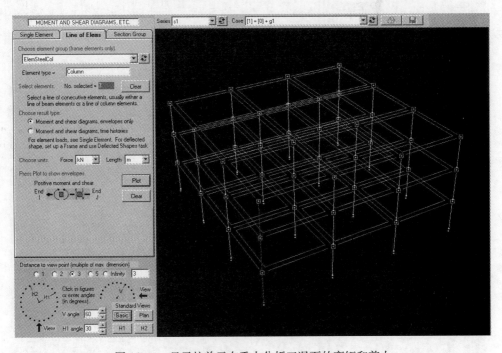

图 12.34　显示柱单元在重力分析工况下的弯矩和剪力

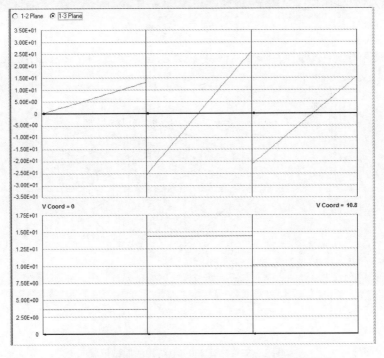

图 12.35　柱单元在重力分析工况下的弯矩图和剪力图

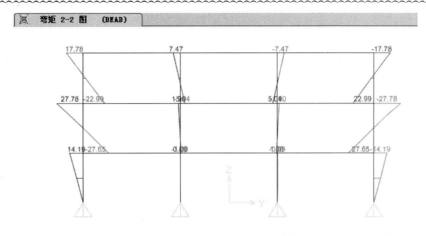

图 12.36　SAP2000 中柱单元的弯矩图

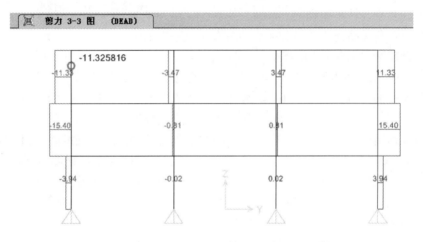

图 12.37　SAP2000 中柱单元的剪力图

综上,通过对比两种软件的弹性模型分析结果可知,导入 PERFORM-3D 的弹性模型与 SAP2000 基本一致,随后将梁柱单元的弹性组件改为非线性组件属性,即可进行弹塑性分析。

12.4　修改转换的模型

12.4.1　常用梁柱模型方法

在 PERFORM-3D 中有多种模拟非弹性梁柱的方法。一种极端的方法是采用纤维截面有限元模型,另一个极端方法是将单元视为整体的弦转动模型,这种模型只需要定义末端弯矩和转角的关系。介于这两种极端方法之间的其他几种模拟方法如下:

(1)弦转角模型。这个模型使用起来很方便,可能大多数情况都使用此模型。FEMA356 对此模型模拟钢构件和混凝土构件都作出了详细的介绍。但是,使用之前最好了解这种方法的使用条件。PERFORM-3D 的弦转角模型采用了 FEMA 钢梁和 FEMA 混凝土梁。

(2)塑性铰模型。这种模型将非弹性行为限制在梁特定的位置,对于带有"削弱截面的梁"可能是最好的模拟方法。若梁在跨中也像在末端一样形成塑性铰,则需要在跨中定义塑性铰。塑性铰类型可以是转角类型或曲率类型。

（3）塑性区模型。这种模型通常用于桥梁构件（主要是桥墩柱），但也可以用于梁单元中。塑性区可以是铰组件或纤维截面组件。

（4）细分的有限元模型。这种模型只适用于特别复杂的单元或用于检查简单的模型。这种模型可以采用铰组件或纤维截面组件来模拟。

本实例采用第(1)种方法。

12.4.2　弦转角模型

弦转角模型是最简单的模型，但限制条件也最多，基本模型如图 12.38 所示。图 12.38 中的梁完全对称，末端弯矩等大反向，其上没有荷载作用。

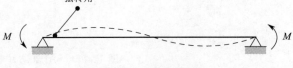

图 12.38　弦转角模型

若采用弦转角模型，则必须定义末端弯矩和转角的非线性关系。末端转角是由旋转变形减去刚性转角得到的。注意，梁末端弯矩和转角关系与梁弯矩和曲率的关系是不一样的。

1. PERFORM-3D 的弦转角模型

图 12.39 所示为 PERFORM-3D 中采用弦转角模型模拟的框架复合组件。

弦转角模型的关键在于 FEMA 梁组件。FEMA 梁组件为有限长度，其属性为非线性。弦转角模型由两个 FEMA 梁组件组成，可以考虑两末端强度不一样的情况。

严格地讲，弦转角模型只适用于对称的梁单元，而且梁两末端的强度必须相等且在跨中有反弯点。在 PERFORM-3D 中可以定义两个强度不同的组件（在末端强度不等）；也可以定义两个长度不等的组件，来考虑反弯点不在跨中的情况；还可以定义正负刚度不等的组件，当两末端的刚度不相等或者正负刚度不相等时，必须注意弦转角模型的使用条件。

2. 弦转角末端刚域

带有末端刚域的单元变形如图 12.40 所示。

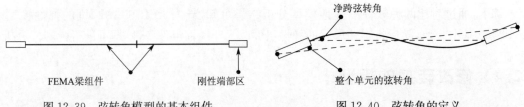

图 12.39　弦转角模型的基本组件　　　　　　图 12.40　弦转角的定义

在图 12.40 中，两个末端刚域之间的净跨弦转角要比整个单元的转角大。在 PERFORM-3D 中，弦转角模型的转角为净跨的转角。

3. 钢和混凝土组件

在 FEMA-356 中，对于钢梁，其末端的转动能力是通过屈服转角的倍数来衡量的；而对于混凝土梁，是通过塑性转角来衡量的。

4. PERFORM-3D 中的操作

（1）组件

在 PERFORM 中，梁的弦转角模型默认使用以下基本组件：

①FEMA 钢梁；

②FEMA 混凝土梁。

在 PERFORM-3D 中采用如图 12.40 所示的弦转角模型,并将模型转化为如图 12.41 所示的模型。每个 FEMA 梁构件由两个组件组成,分别是塑性铰和弹性段。

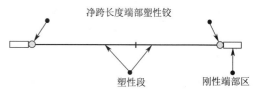

图 12.41　弦转角模型的实现

绘制图 12.40 中模型的变形图(使用弯曲和剪切图表模块),若梁末端弯矩大于其屈服弯矩而末端的转角和铰转角相等,则末端挠曲变形是不连续的。

(2)组件长度

对于此类的框架复合组件,必须定义两个 FEMA 梁组件。若单元是对称的,两末端的强度相等,则两组件的长度和强度相等,这与单元中点处的反弯点有关。若单元末端的强度不等,则反弯点两边的长度就可能不等(严格地讲,弦转角模型不适用于这种情况,因为前提条件是梁完全对称)。

采用弦转角模型定义框架复合组件时,必须估算反弯点的位置来定义组件的长度。若梁单元对于正负弯曲的抗弯强度不同,则将无法确定反弯点的位置;若在梁单元上作用有较大的侧向荷载,则反弯点的位置也无法确定。这是弦转角模型的缺陷。在定义反弯点位置的时候,必须作出最好的判断。

一般假设反弯点在梁的跨中。理论上讲,若在单元的一个末端设置了弯矩施放,则其中一个组件应与单元净跨等长,另一个组件长度应为零。但因为 PERFORM-3D 不能定义零长度的组件,所以定义另一个短的组件长度为净跨的 2%,这样就能非常接近实际情况了。

(3)铰属性

PERFORM-3D 通过计算塑性铰组件的属性来得到梁末端的弯矩-转角关系。若单元对称,两个末端的强度相等,则模型是准确的。若单元不对称,两末端强度不相等,则不能较好地应用弦转角模型,所以需要计算与相应末端对应的 FEMA 组件长度。

5. FEMA 钢梁

对于 FEMA 钢梁组件,采用弦转角模型有以下几点说明:

(1)弹性梁区段的 EI 值是 FEMA 组件的 EI 值。

(2)单元末端的铰为曲率铰。请注意曲率铰不在有效长度的中心,这对模型无影响。

(3)铰弯矩-曲率关系中的初始刚度是 FEMA 构件的 EI 值。

(4)铰弯矩-曲率关系曲线和 FEMA 组件末端的弯矩-转角关系曲线的形状一致,说明了:①在 Y、U 点处,塑性铰的弯矩和 FEMA 组件的弯矩相同;②在 U、L 点处,铰弯矩-曲率关系中的变形和末端的弯矩-转角关系一致,为 Y 点变形的同一倍数。

(5)每个塑性铰的有效长度是 FEMA 组件的 1/3(对于对称单元,是刚域之间净跨长度的 1/6)。塑性铰和弹性区段组合后的复合组件的末端弯矩-转角关系与 FEMA 组件是一致的。

通过以上几点来确定图 12.40 中模型的末端弯矩和弦转角之间的关系(对于对称单元,弦转角模型是准确的;而对于两末端强度不同的非对称单元,弦转角模型模拟的效果也不错)。

6. FEMA 混凝土梁

FEMA 混凝土梁的模拟和钢梁的模拟类似,但使用的是转角铰,而不是曲率铰。因为 FEMA-356 监测混凝土梁柱属性时,定义的监测转角是混凝土梁两端的塑性转角,而不像钢梁那样定义的是屈服转角的倍数。

主要区别如下:

（1）单元末端的铰为转角铰，具有刚塑性弯矩-转角关系。

（2）每个塑性铰的弯矩-转角关系是通过 FEMA 构件的总弯矩-扣除弹性转角的转角关系得到的。FEMA 梁组件的末端弯矩与塑性转角的关系曲线如图 12.42 所示。对于钢梁，这样可以得出准确的末端弯矩-转角关系曲线，其中转角为单元末端的塑性转角。

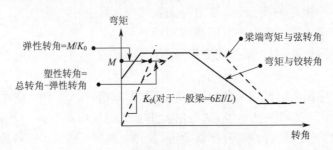

图 12.42　铰的弯矩-转角关系曲线

7. 需求和能力

当定义 FEMA 梁组件的变形能力时，其需求与单元末端的转角有关。PERFORM-3D 计算塑性铰的转角时，需将这个转角转化为单元末端的转角，然后计算需求能力比。

12.4.3　修改梁柱单元的非线性组件

由于转换之后的梁柱单元的组件属性都为弹性的，所以可以在框架复合组件中将弹性组件替换成非弹性组件。注意，最好不要删掉多余的组件。

选择 COMPONENT PROPERTIES 模块的 **Compound** 标签，从下拉菜单中选择 **Frame Member Compound Component** 类型，其中有以下 6 种：CpdBmS-W27×94、CpdFemaBmS-W14×193、CpdFemaBmS-W27×94、CpdColS-W14×193、CpdFemaColS-W14×193 和 CpdFemaColS-W27×94。其中，Cpd 表示框架复合组件；Fema 表示 FEMA 组件；BmS 表示钢梁；ColS 表示钢柱；W27×94 和 W14×193 为截面型号。从 SAP2000 中导出的模型中只采用了弹性复合组件，即 CpdBmS-W27×94 和 CpdColS-W14×193，其他组件没有采用，所以这里需要将这两个框架复合组件替换成非弹性组件。

首先点击 **Purge** 过滤不需要的组件，窗口会弹出如图 12.43 所示的提示。选择"是"，弹出如图 12.44 所示的提示条，点击"确定"，则表单中组件还剩 CpdBmS-W27×94 和 CpdColS-W14×193。

图 12.43　提示是否删掉多余组件

图 12.44　提示删掉 4 个多余组件

首先修改 CpdBmS-W27×94 梁复合组件，在右边 **Component Type** 下拉表单中选择组件类型，如图 12.45 所示。同理修改柱单元的复合组件如图 12.46 所示。高亮选择，然后点击 **Show Properties** 显示组件属性，但不能修改组件属性，与 **ELEMENTS** 模块下的 **Show Properties** 相似。

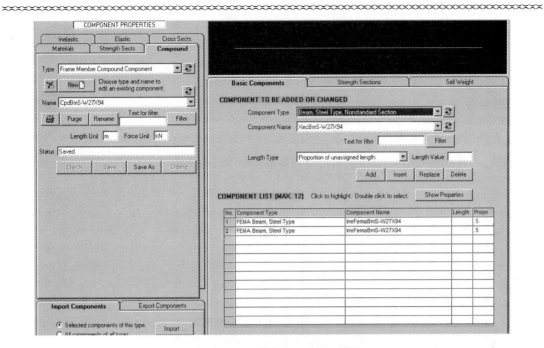

图 12.45 修改梁单元复合组件

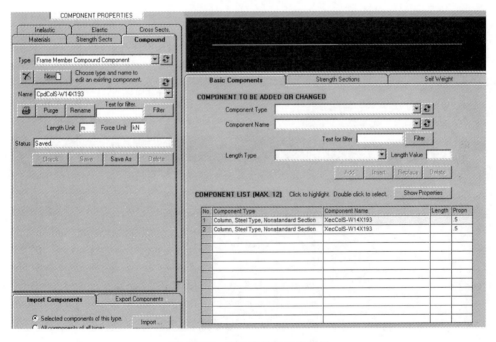

图 12.46 修改柱单元复合组件

若 FEMA 梁柱组件属性有错误,则需要在 **COMPONENT PROPERTIES** 模块的 **Inelastic** 标签下修改。选择"**FEMA Beam,Steel Type**"类型,点击 **Purge** 过滤多余的组件,然后选择 IneFeamBmS-W27×94,点击 **Graph** 显示组件的广义力-广义位移曲线,如图 12.47 所示。

选择"FEMA Column,Steel Type"类型,点击 **Purge** 过滤多余的组件,然后选择 IneFemaColS-W14×193,点击 **Graph** 显示组件的广义力-广义位移曲线,如图 12.48 所示。

逐个检查视图右边的标签,确认无错误后点击保存模型。

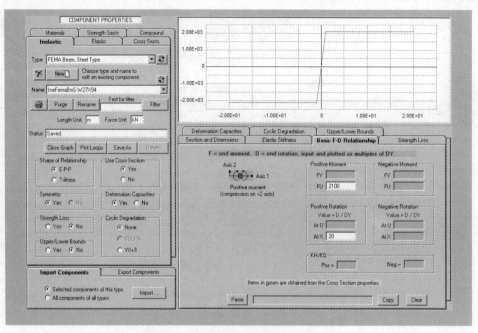

图 12.47　检查梁单元 FEMA 组件

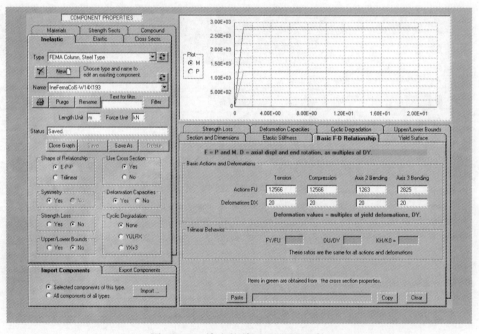

图 12.48　检查柱单元 FEMA 组件

12.4.4　定义极限状态

选择 **Modeling phase** 建模阶段和 **Limit states** 模块，选择 **Deformation** 类型，点击 **New** 定义梁柱类型 **IO**（立即使用）、**LS**（生命安全）和 **CP**（防止倒塌）等性能水准的极限状态，例如钢梁的性能水准 1 极限状态如图 12.49 所示。其他水准类似，柱单元的变形极限状态和梁柱节点的剪切变形极限状态与此类似。

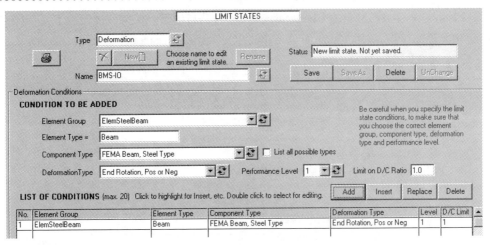

图 12.49　定义单元的极限状态

12.5　非线性时程(地震)分析

12.5.1　运行分析

保存模型后选择 **Analysis phase** 分析阶段下的 **Set up load cases** 模块,选择 **Dynamic Earthquake** 分析工况,定义非线性时程工况,输入参数如图 12.50 所示,点击 **Save** 保存分析工况。选择程序例子自带的地震波"Artificial for Example A,Record1",峰值加速度和时间的缩放系数都为 1.0。

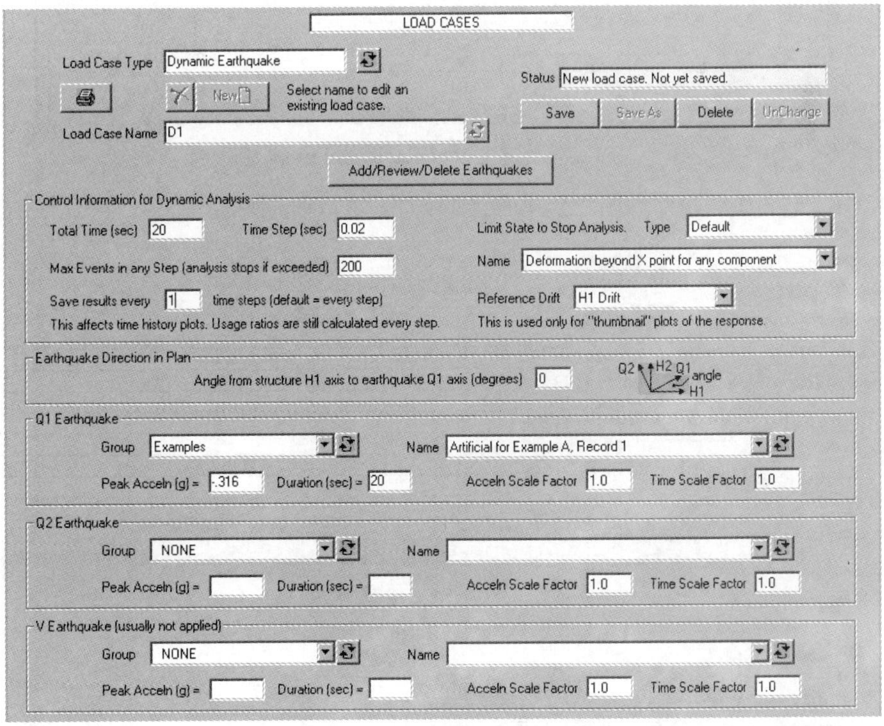

图 12.50　定义地震分析工况

选择 **Run analyses** 模块,点击 **Check Structure** 检查分析模型。保持其他参数不变,点击 **Modal Damping** 定义模态阻尼,如图 12.51 所示。建议定义 **Rayleigh Damping**,如图 12.52 所示。

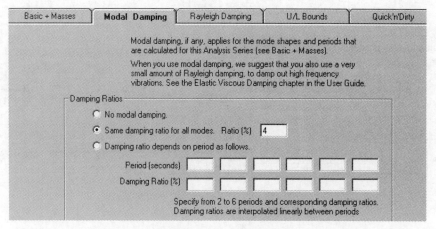

图 12.51　定义模态阻尼

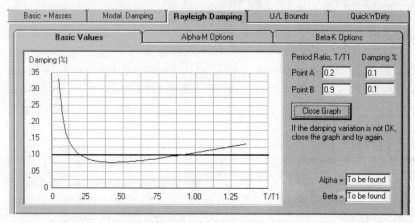

图 12.52　定义少量 Rayleigh Damping

点击 **OK**,定义加载顺序如图 12.53 所示。点击 **GO** 运行分析。

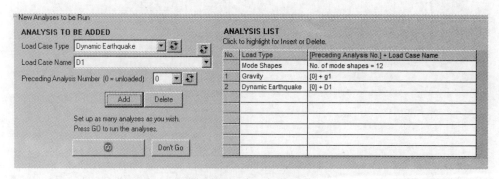

图 12.53　定义加载顺序

12.5.2　显示耗能图

选择 **Analysis phase** 分析阶段下的 **Energy balance** 模块,在 **Structure** 标签下点击 **Plot**,如图 12.54 所示。

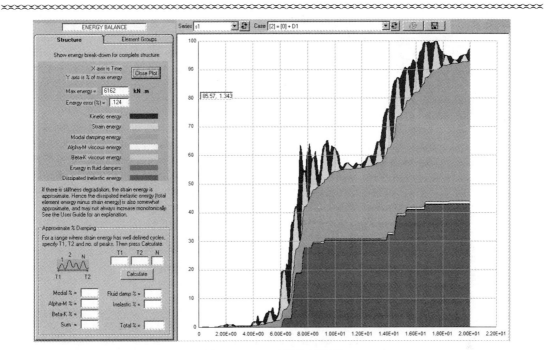

图 12.54 显示结构耗能图

选择 **Element Groups** 标签,显示每个单元组的相对耗能,钢柱单元耗能图如图 12.55 所示。

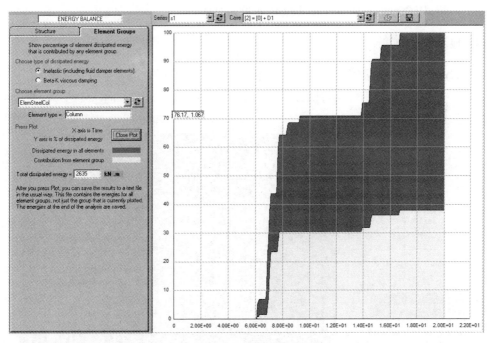

图 12.55 钢柱单元耗能图

12.5.3 显示时程曲线

选择 **Time histories** 标签,可以绘制出节点位移、速度和加速度时程曲线。选择节点,选中的节点显示为红色,然后点击 **Plot** 显示位移时程曲线,如图 12.56 所示。

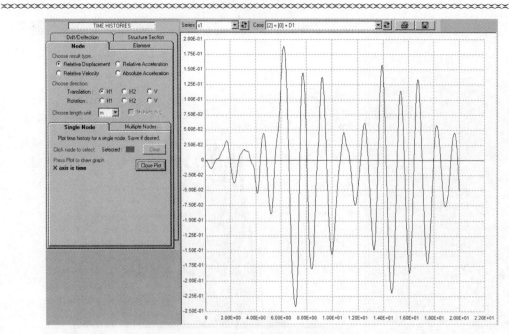

图 12.56　节点的相对位移时程曲线

　　另外也可以点击 **Element** 标签,显示单元力和位移的时程曲线;点击 **Drifts/Deflection** 标签,显示侧移时程曲线;点击 **Structure Section** 标签,显示剖切截面的力和位移时程曲线。在此不作详细介绍,用户可以根据自己需要来使用这些功能。

12.5.4　显示滞回曲线

　　选择 **Hysteresis loops** 标签,可以生成非弹性组件的滞回曲线。选择梁单元如图 12.57 所示,选中节点显示为红色,再选择非弹性组件,然后点击 **Plot**,显示位移时程曲线如图 12.58 所示。

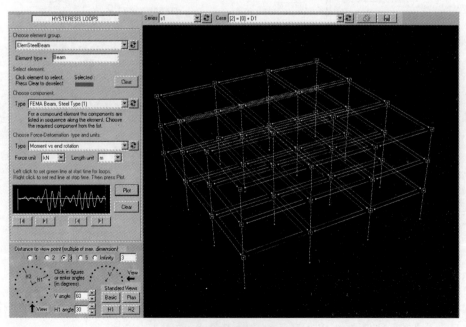

图 12.57　选择梁单元

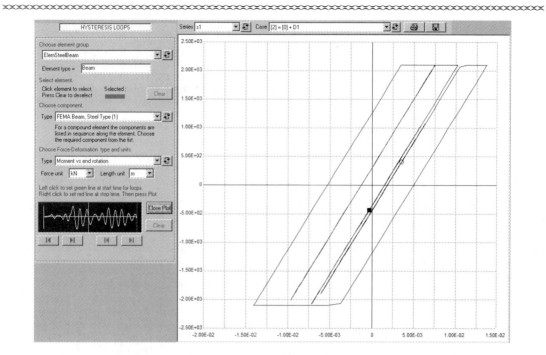

图 12.58　显示梁单元的滞回曲线

第13章　剪力墙实例

13.1　定义剪力墙单元

13.1.1　基本组件

对于每片剪力墙单元,必须定义剪力墙复合组件。对于每个剪力墙复合组件,必须定义剪切属性和轴向弯曲属性,基本步骤如下:

(1)剪切属性:①定义剪切材料,可以是弹性的或非弹性的;②当定义剪力墙复合组件时,定义剪切材料和墙厚。

(2)轴向弯曲属性:①定义剪力墙纤维截面,可以是弹性截面或非弹性截面;②当定义剪力墙复合组件时,定义截面。

必须输入墙的横向刚度(一般是水平方向)和平面外弯曲刚度,两个刚度均为弹性的。

若定义了非弹性剪力,则可以采用剪切材料的应变能力来定义极限状态。若定义了弹性剪力,则可以通过剪力墙截面定义剪切强度极限状态,其中截面可以沿着一些单元剖切。

若定义了弹性弯曲,则可以在定义单调纤维位置使用弹性材料的应力能力定义极限状态。若定义了非弹性弯曲,则可以在定义单调纤维位置使用非弹性材料的应变能力来定义极限状态。可以在剪力墙单元上添加变形监测单元,然后定义应变、转角或剪切变形等变形的极限状态。

13.1.2　单　　元

1. 单元形状和轴

剪力墙单元不必是矩形的,但一定不能非常扭曲。每个单元必须有明确的纵向和横向,其中单元轴 2 沿着纵向,单元轴 3 沿着横向。一般地,轴 2 是竖向的,轴 3 是水平的,但这也不是一定的。轴 1 垂直于单元平面。剪力墙的一些可能变形形状如图 13.1 所示。

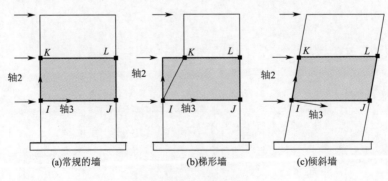

(a)常规的墙　　　　(b)梯形墙　　　　(c)倾斜墙

图 13.1　剪力墙

对于图 13.1 中的这些情况,剪力墙沿着整个楼层高度分布,可以在一个楼层使用一个或多个单元。

三维墙单元如图 13.2 所示。剪力墙单元主要用来模拟实体或基本实体的墙,或者有矩形开洞的耦合墙。若有异形开洞的墙,则最好使用通用墙单元。

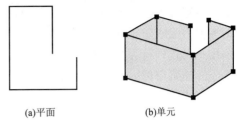

(a)平面　　　　　　　　(b)单元

图 13.2　三维墙

2. 单元属性和行为

有以下几个关键点:

(1)每个单元连接 4 个节点,有 24 个自由度。

(2)纵向(一般是竖向的)平面内行为比横向(一般水平)行为更加重要。单元纵向受弯或受剪可以是非弹性的。而横向平面内和平面外行为都是次要的,并且假定为弹性。

(3)假定截面刚度沿单元长度不变,单元的刚度可以根据在中心高度的单元宽度来计算。当定义剪力墙截面时,可以选择截面尺寸为“**Fixed Size**”或“**Auto Size**”。若选择“**Fixed Size**”,则必须确保截面高度与中部的单元宽度相等;若选择“**Auto Size**”,则截面高度自动等于在中部的单元宽度。

(4)若定义了受弯和受剪的弹性组件,则单元是弹性的。若定义非弹性剪切材料和非弹性纤维截面,对于轴向受弯和受剪作用,则单元是非弹性的。

(5)在纤维截面中,尽量不使用大量纤维,而一般使用相对较少的钢和混凝土纤维就能足够精确地模拟截面。

(6)单元纵向的轴穿过截面的中点。对于“**Auto Size**”截面,也是截面的弹性中心。对于“**Fixed Size**”截面,截面中点不必是弹性中心。

虽然当非弹性纤维截面的纤维屈服或开裂时,纤维截面的中和轴发生了偏移,但一般单元中和轴不偏移,即假定单元的轴向伸长总是按截面的中点计算。

(7)假定轴向应变、剪切应变和曲率沿单元长度不变,剪力墙的曲率呈线性变化,如图 13.3 所示。

若使用单个单元来模拟一片墙,则计算得到的弹性弯曲挠度仅为根据梁理论得到的挠度的 75%。总挠度由弯曲挠度减去剪切挠度更加精确,并且使用多层墙中的一层和

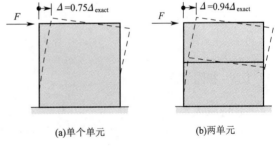

(a)单个单元　　　　　　　(b)两单元

图 13.3　弯曲刚度误差

多个单元也会更加精确,所以可以在一层中使用两个或更多的剪力墙单元。若采用两片剪力墙单元,则计算得到的弯曲挠度为理论挠度的 94%。这只涉及有一层或两层的墙。对于更高的墙,每层一个单元是足够精确的,但必须将墙形成塑性铰的区域划分更细的单元。

3. 符号法则

轴力、剪力和弯矩的符号法则如图 13.4 所示。轴力受拉为正,剪力沿着轴在 IJ 端为正,弯矩在轴 3 正向受压为正。

4. 由弯曲引起的轴向伸长

钢筋混凝土剪力墙的主要行为是混凝土受拉开裂,中和轴向受压边偏移。因此,轴力和弯矩之间有相互作用,而当轴向伸长时弯曲

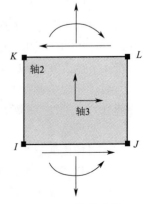

图 13.4　符号法则

对结构相邻部分的受力也有显著影响。

若定义了弹性的轴向弯曲行为,且中和轴不偏移,则无法模拟混凝土的开裂。这可能对于钢板剪力墙或防止开裂的受较大轴力混凝土墙是合理的。但若混凝土墙屈服和开裂,中和轴偏移则对这种行为有显著影响。

5. 连梁与剪力墙

剪力墙单元在节点处没有平面内转动刚度。因此,若连梁单元与剪力墙连接,则连接为固结。定义梁和墙之间的抗弯连接,必须将梁单元嵌入墙中,如图 13.5 所示。

若内嵌梁定义的抗弯刚度很大,则连梁会刚性连接到墙上。因为梁连接墙的局部部分可能使得连接的刚性较小,所以这样是不精确的。可以使用梁复合单元模拟内嵌的梁,如图 13.5(c) 所示。使梁抗弯刚度更大,选择弯矩释放组件的刚度来模拟梁和墙连接的刚度。也可以使用非弹性弯矩连接组件而不是弹性释放组件,使得梁和墙连接是非线性的。

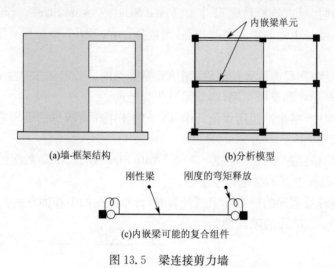

(a) 墙-框架结构　　　　(b) 分析模型

(c) 内嵌梁可能的复合组件

图 13.5　梁连接剪力墙

13.1.3　极限状态

1. 应变极限状态

对于剪力墙单元,若采用非弹性纤维截面或非弹性剪切材料,则可以定义应变能力和应变(变形)极限状态。

定义应变极限状态可以显示染色侧移形状的最大变形单元。但评价结构性能,最好定义变形监测单元。当定义了纤维剪力墙截面,则必须定义反应结构截面行为的纤维。可以定义单调纤维,单调纤维就像应变监测单元。在分析的每一步,PERFORM-3D 计算每个单调纤维的应变。若定义了包括剪力墙单元应变的极限状态,则 PERFORM-3D 采用这些应变来计算需求能力比。

对于每根单调纤维,必须定义一种材料。纤维的应变能力对应材料的应变能力(材料组件的属性)。一般会在截面最大应变处定义单调纤维。

2. 变形监测

可以使用变形监测单元来监测纤维应变、铰转动和剪切变形。

若采用应变衡量需求能力,则最好定义应变监测单元而不是定义单调纤维,因为应变监测单元可以分布在多个墙单元上,然后计算这些单元的应变平均值。监测纤维只能监测单个单元的应变。若局部应变集中,则可定义单调纤维来监测单个单元应变。

转角和剪切也可以用来衡量需求能力。这类监测单元可以在多个单元分布,所以监测到的是变形平均值而不是局部变形值。同时,FEMA 356 给出了墙的转角和剪切变形能力值。

3.强度极限状态

对于剪力墙单元,若使用弹性纤维截面或弹性剪切材料,可以定义应力能力和强度极限状态。当定义弹性纤维截面时,可以定义监测纤维,在分析的每一步,PERFORM-3D 计算每个监测纤维的应力。

因为受剪应力集中,一般最好考虑将整片墙划分为多个墙单元的剪切强度,而不是单个单元的剪切强度。通过 **Structure Sections** 模块,定义结构截面的剪切强度和对应的强度极限状态。

13.1.4　塑性区单元长度

1.计算的应变敏感性

考虑剪力墙底部出现塑性铰而其他楼层仍然基本弹性的情况,采用非弹性纤维截面的剪力墙来模拟有铰区段的墙是合理的,而其他墙采用弹性纤维截面的单元模拟,其两种可能的模型如图 13.6 所示。

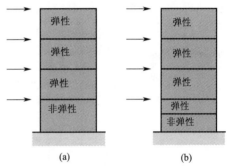

图 13.6　塑性区的墙

在图 13.6(a)中,单个非线性单元在底层。模型假定铰长度为整个层高;而在图 13.6(b)中,两个单元用在底层,其中的非弹性单元比图 13.6(a)短,并假定铰长度小于层高一半。

分析这两个模型,图 13.6(a)中模型计算得到的强度比图 13.6(b)中模型计算得到的要大,因为荷载和非弹性单元之间的距离更短。例如,若每个侧向荷载是 H,层高都是 h,非弹性单元为层高的一半,则根据图 13.6(a)中模型计算得强度 $H=M/(8h)$,而根据图 13.6(b)中模型计算得强度 $H=M/(9h)$,其中 M 是非弹性截面的抗弯能力,两个结果相差 12.5%。

根据这两个模型计算得到的应变需求也不相同。墙的弯曲变形部分是弹性的,部分是塑性的。对于侧移的塑性部分,在非弹性单元的中点形成塑性铰。对于任意给定的顶部侧移,两个模型的塑性铰转角近似相同。假定沿着剪力墙单元高度曲率不变。因此,图 13.6(a)计算的应变比图 13.6(b)计算的要小。在图 13.6(b)中的非弹性单元是层高的一半,计算应变的差值达到 100%。

因此计算应变对假定的铰长度很敏感,比计算强度对铰长度更加敏感。对于给定的应变能力,图 13.6(a)的模型计算得到顶部位移是图 13.6(b)的模型计算得到的 2 倍。因此,使用合理的铰长度很重要。

2.单元长度

Paulay 和 Priestley(Seismic Design of Reinforced Concrete and Masonry Buildings,Wiley,1992)建议墙的铰长度公式如下:

$$L_p=0.2D_w+0.044h_e \qquad (13.1)$$

式中,L_p 为铰长度;D_w 为墙截面的高度;h_e 为有效墙高度。更大剪力(更大的弯矩梯度)需要定义更小的铰长度。规范 FEMA 356 建议铰长度等于其中较小的:①半个截面高度;②层高。

13.1.5　单元荷载

在 PERFORM-3D 中不可以定义剪力墙单元荷载,但可以定义自重荷载来考虑墙重量。

13.1.6　几何非线性

可以考虑或忽略 $P\text{-}\Delta$ 效应,但不能考虑真实的大位移效应。

13.2　剪力墙建模实例

13.2.1　模型概况

本实例结构采用钢筋混凝土框架-核心筒结构体系,结构底层高度为 4.2 m,上部楼层高度为 3.6 m,共 20 层,结构总高为 72.6 m,结构标准层平面如图 13.7 所示。

柱距为 9 m,底层开洞为 3 m×1.8 m,上部楼层开洞为 3 m×2.4 m。柱为 700 mm×700 mm C50 钢筋混凝土柱,梁为 250 mm×700 mm C30 钢筋混凝土梁,楼板为 120 mm 厚 C30 钢筋混凝土楼板,剪力墙全部为 500 mm 厚 C50 钢筋混凝土剪力墙。楼面附加恒载为 1.0 kN/m²,恒荷载为 2.0 kN/m²。

在 SAP2000 中建立线性分析模型,质量源采用 1.0 倍恒载+0.5 倍活载。SAP2000 线性分析模态结果如表 13.1 所示。

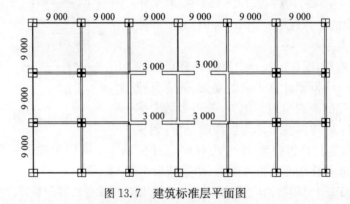

图 13.7　建筑标准层平面图

表 13.1　SAP2000 计算的模态结果

周期(s)	UX	UY	UZ	SumUX	SumUY	SumUZ	RX	RY	RZ	SumRX	SumRY	SumRZ
1.485	0.00	0.65	0.00	0.00	0.65	0.00	0.95	0.00	0.00	0.95	0.00	0.00
1.386	0.00	0.00	0.00	0.00	0.65	0.00	0.00	0.00	0.77	0.95	0.00	0.77
1.152	0.72	0.00	0.00	0.72	0.65	0.00	0.00	0.89	0.00	0.95	0.89	0.77
0.439	0.00	0.00	0.00	0.72	0.65	0.00	0.00	0.00	0.11	0.95	0.89	0.89
0.330	0.16	0.00	0.00	0.88	0.65	0.00	0.00	0.00	0.00	0.95	0.90	0.89
0.314	0.00	0.20	0.00	0.88	0.85	0.00	0.01	0.00	0.00	0.97	0.90	0.89
0.250	0.00	0.00	0.31	0.88	0.85	0.31	0.00	0.00	0.00	0.97	0.90	0.89
0.250	0.00	0.00	0.00	0.88	0.85	0.31	0.00	0.00	0.05	0.97	0.94	0.89
0.247	0.00	0.00	0.00	0.88	0.85	0.31	0.00	0.00	0.05	0.97	0.94	0.93
0.226	0.00	0.00	0.00	0.88	0.85	0.31	0.01	0.00	0.00	0.97	0.94	0.93
0.226	0.00	0.00	0.00	0.88	0.85	0.31	0.00	0.00	0.00	0.97	0.94	0.93
0.203	0.00	0.00	0.18	0.88	0.85	0.49	0.00	0.00	0.00	0.97	0.94	0.93

13.2.2 材料强度和弹性模量

若不确定如何选取,则最好通过运行不同强度的分析来确定。

在本例中,非约束混凝土 C50 的 $f_c' = 32.24$ MPa,塑性极限应变为 0.0013,非约束混凝土弹模为 34 500 N/mm²。本例剪力墙未设置边缘约束构件,所以不需考虑约束混凝土。若需设置边缘构件,约束混凝土本构关系可根据"Mander 约束混凝土本构关系"计算得到。

剪力墙钢筋的屈服强度为 300 MPa,弹性模量为 2.01×10^5 N/mm²。钢筋在应变为 0.15 时强化达到 420 MPa,相应的屈服后应变强化比为 2%。

13.2.3 剪力墙的剪切强度和模量

1. 剪切强度

为了分析,假定剪切行为是弹性的,则可以计算剪切应力。为了计算剪切应力,有效截面高度(墙截面有效宽度)假定为 0.8 倍实际墙高。

对于非约束混凝土,所有楼层剪力墙的剪切强度假定为 $10\sqrt{f_c'} = 57$ MPa。计算每层腹板和翼缘的剪切强度需求能力比。根据需求能力比设计所需的受剪钢筋。对于这个例子,只计算需求能力比,不设置受剪钢筋。所有的需求能力比都比 1.0 小,因为 $10\sqrt{f_c'}$ 是最大容许剪切应力。需要在铰区域(底层)对剪切强度进行折减,所以需要对底层进行受剪分析。

2. 剪切模量

混凝土弹性模量为 34 500 N/mm²。假定泊松比为 0.20,根据剪切模量常用公式知 $G = 34\,500/2.4 = 14\,375$ N/mm²。若采用剪切模量为 14 375 N/mm²,剪切强度为 57 MPa,则剪切应变为 57/14 375 = 0.004 13。

13.2.4 连梁强度

连梁强度假定由剪切控制。为了赋予变形能力,假定连梁为对角线配筋。对于连梁,梁的高度为整个层高的 0.8 倍,剪切强度对应的应力为 $57 \times 0.8 \times 1\,200 \times 500 = 27\,360$ kN。

13.2.5 从 SAP2000 转换模型

导入之后的模型,需要修改内嵌梁的复合框架组件属性。打开结构文件,选择 **Modeling phase** 建模阶段,选择 **Component properties** 模块,选择 **Frame Member Compound Component** 类型组件,其中转换过来的内嵌梁框架复合组件为 CpdEmbed-1(Cpd 表示框架复合组件,Embed 表示内嵌,1 为编号,这里共有 20 种内嵌梁)。转换后的内嵌梁框架复合组件属性如图 13.8 所示。

No.	Component Type	Component Name	Length	Propn
1	Linear P/V/M Hinge or Release	EmbedBeamRelease	0	
2	Beam, Reinforced Concrete Section	XecEmbed-7		1

图 13.8 转换后的内嵌梁组件

细长连梁的模拟方法有如图 13.9 所示的两种方法。

转换过来的连梁采用图 13.9(e)所示的方法,而本例的连梁采用如图 13.9(d)所示的方法进行模拟。首先删掉弯矩释放组件 **Linear P/V/M Hinge or Release**,然后点击 **Cross Sects** 标签,选择 **"Beam, Reinforced Concrete Section"** 类型,选择 XecEmbed-1 截面组件,修改宽度和高度使得轴 3 惯性矩是连梁轴 3 惯性矩的 20 倍(因为 E/L 相等,所以只需考虑 I),如图 13.10 所示。

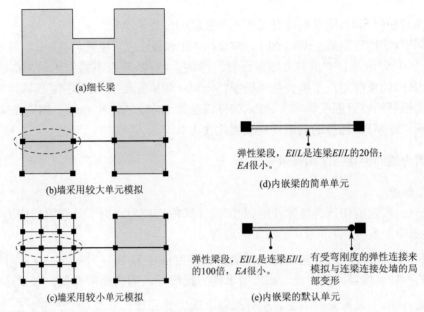

图 13.9　细长连梁

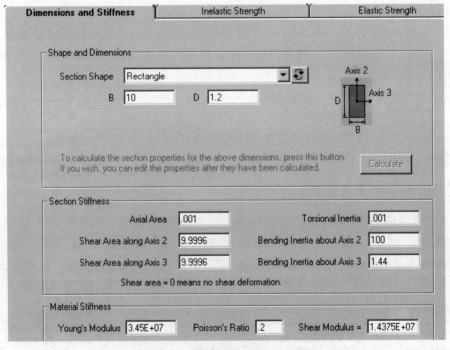

图 13.10　修改后的内嵌梁组件属性

　　表单中共有 20 个内嵌梁截面组件,都修改为如图 13.10 所示的内嵌梁。点击保存,然后运行转换后的弹性模型的重力分析工况,通过与 SAP2000 对比弹性模型的重力工况分析结果以及模态结果来检查模型的正确性。

　　修改之前,弹性模型的前三周期为 2.331 s、2.261 s 和 1.523 s。修改内嵌梁之后,弹性模型前三周期为 1.495 s、1.345 s 和 1.13 s,与 SAP2000 弹性模型计算结果一致。

13.2.6 材料属性

选择 **Component Properties** 模块,选择 **Materials** 标签,修改材料组件属性。

1. 钢材料

从非弹性材料类型中选择 **Inelastic Steel Material, Non-Buckling**,名称为"**MatlneFiber-HPB300**",用在墙截面中的钢筋纤维。修改后如图 13.11 所示,点击 **Graph** 画出应力-应变关系曲线。没有定义这种材料的应变能力。钢筋应变使用需求能力比来量测,采用应变监测组件和单元来计算需求能力比。

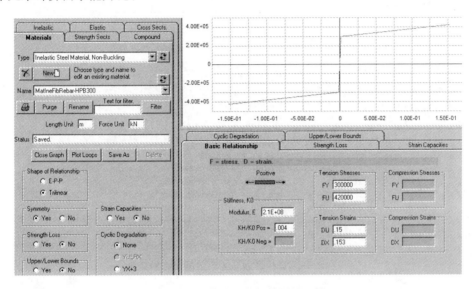

图 13.11 修改后的钢筋材料组件

2. 混凝土材料

从非弹性材料类型中选择 **Inelastic 1D Concrete Material** 类型,表单中有"**Unconfined-C50**"(非约束混凝土),如图 13.12 所示。混凝土材料没有定义应变能力。混凝土应变采用需求能力比来衡量,用应变监测组件和单元来计算需求能力比。

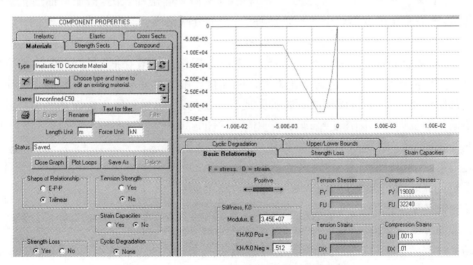

图 13.12 修改后的非约束混凝土材料组件

3. 剪切材料

墙受剪后仍然保持弹性。从弹性材料中选择 **Elastic Shear Material for a Wall**,表单中只有一种材料组件"**MatElaShearConc-C50**";对于非约束混凝土,材料强度为 57 MPa＝10 $\sqrt{f_c'}$,用来定义墙的剪切强度和计算强度需求能力比。

定义"**Capacity Factor**"(能力系数)为 0.8,在计算剪切应力时用来计算有效截面高度,即用能力系数折算截面面积。另外的方法是直接定义折算后面积(能力系数为 1.0),但采用能力系数方便改变剪切截面面积。剪切模量 G＝6 900 N/mm^2,其他参数如图 13.13 所示。

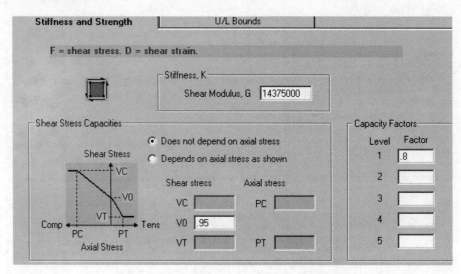

图 13.13　修改后的非约束混凝土材料组件

13.2.7　墙 单 元

本例采用剪力墙单元,而不是通用墙单元,因为通用墙单元主要用在矮墙中,其行为更为复杂。选择 **ELEMENTS** 模块,列表中 10 个单元组。剪力墙单元组为"**ElemConcWall**"。要点如下:

(1)在 **Current Group** 表单中,选择剪力墙单元组,显示为亮绿色。

(2)每个腹板墙为一个 9 m 宽的单元,未细分网格。墙是细长的,截面弯曲后仍然满足平截面假定,则沿着宽度方向单个单元是足够的,若细分网格则会花费许多计算时间。

(3)每个翼缘墙为一个 3 m 宽单元,也是足够的。

(4)所有楼层沿着层高都只有一个单元,未细分网格。一般在底层细分网格,并采用水平内嵌梁和竖向内嵌梁来模拟连梁与相邻墙体的连接。本例中底层连梁与其他楼层连梁相同。

底部层高 4.2 m,即楼板顶部到基础梁或板顶部的距离;尽管采用楼板高度中心线到基础顶部下面某个高度线的距离更精确,但采用楼板顶部到基础梁或板的距离一般是符合实际的。这表明简化模型的重要性,不仅是组件属性的合理简化,还是几何形状的合理简化。

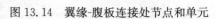

重要的是定义纤维截面,因为截面宽度与墙单元一样。墙角部的单元如图 13.14 所示。

图 13.14　翼缘-腹板连接处节点和单元

1. 墙单元纤维截面

转换过来的模型只有一种纤维截面,即自动尺寸纤维。对于固定尺寸的纤维截面,必须定义每个纤维的位置和面积,本例并未考虑。固定尺寸的截面较为常用,但工作量较大。对于自动尺寸截面,只需定义钢和混凝土纤维的数量,假定每个纤维尺寸相等,PERFORM-3D 会自动计算这些纤维的面积和位置。自动尺寸的纤维截面有局限性,但工作量较小。

自动尺寸截面便于定义钢筋,因为钢筋沿着整个截面分布。固定尺寸截面便于定义附加钢筋,因为可以覆盖截面部分宽度。固定尺寸的纤维截面定义混凝土纤维更好,因为固定尺寸纤维的面积可以比外边的墙要小,可以更好地模拟混凝土开裂。

选择 Component Properties 模块,选择 Cross Sections 标签,然后选择 Shear Wall, Inelastic Section 类型,从名称表单中选择截面来查看其属性。表单中有 1 种自动尺寸截面,3 个混凝土纤维,6 个钢纤维,截面宽度与墙同宽,如图 13.15 所示。

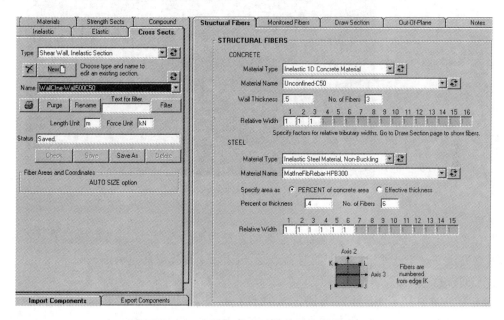

图 13.15　翼缘-腹板连接处节点和单元

对于固定尺寸截面,截面尺寸由纤维位置确定。一般,当墙单元采用固定尺寸截面,单元宽度与截面宽度相等,但不是必须的。由于 PERFORM-3D 无法自动检查单元宽度,所以定义固定尺寸纤维截面时,必须仔细检查单元宽度定义是否正确。

与固定尺寸截面不同,定义自动尺寸截面时不需定义纤维位置和面积,即程序默认截面宽度与单元宽度相等并自动计算所需纤维的位置和面积。在墙中,配筋率都为 4%。

2. 单元局部坐标

选择单元,选择 Orientations 标签,查看墙单元的局部坐标。轴 1 垂直于单元,轴 2 沿着纤维方向,轴 3 是平动方向(在轴 3 方向,单元基本呈弹性)。对于所有的单元,选择"Axis 2 is parallel to edge IK",每个单元的 I 节点被短线标出。在其他视图中,I 节点被标志为小点,从 IK 边到 I 节点有一小段距离。若从框架表单中选择框架视图,则可以清楚显示这些单元。如图 13.16 所示,选择"sw"框架时可以点击 S-F (Structure-Frame 开关)只显示框架。

3. 单元属性

点击 Properties 标签,查看赋予单元的属性。在图形界面,点击选择一个单元。这个单元将会显示为红色,数据区显示了单元的复合组件名称。为了查看这个复合组件的构成,点击 Show Properties。为了显示所有相同属性的单元,双击这个单元,所有相同属性的单元显示为红色。在双击之前,点击 Clear Selected Elements。

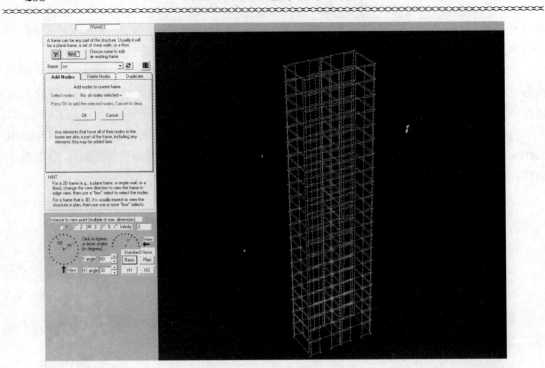

图 13.16　剪力墙 FRAME

4. 单元长度

所有楼层容许混凝土开裂,但不容许显著的钢筋屈服。在每层,沿着高度只有一个单元,即沿着层高定义一个监测钢筋应变的监测单元,也表示上部连梁假定为细长的。

5. 平面外行为

对于剪力墙单元,平面外行为假定为弹性的。选择 **Component Properties** 模块,选择 **Cross Sects** 标签和"**Shear Wall, Inelastic Section**"类型,如图 13.17 所示。

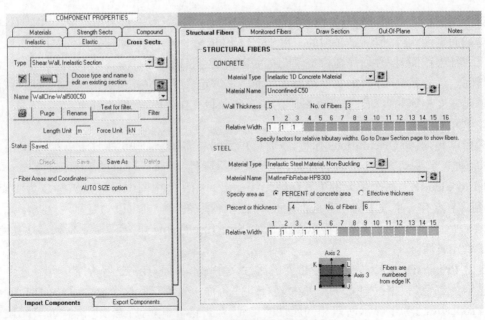

图 13.17　非弹性剪力墙截面

因为墙在平面内和平面外的刚度都很大,所以平面外弯曲刚度的贡献占总刚度的主要部分。但对于考虑脆性强度损失的 Pushover 分析,特别是脆性剪切强度损失发生之后,平面外弯曲将会贡献很大的刚度和强度。因此,一些工程师认为,不能忽略平面外刚度。可以通过定义墙截面较小的平面外厚度来实现。尽管这个假设是否正确还有争议,但这样做是比较保守的。

6. 墙单元的 P-Δ 效应

选择 Elements 模块,选择 Group Data 标签。注意几何非线性的选项为"**None**",即不考虑墙单元的 P-Δ 效应。根据需要可以考虑 P-Δ 效应,但本例不考虑,如图 13.18 所示。

另外,墙体的平面外弯曲厚度比较小,其平面外屈服强度也很小。因此,若考虑了墙单元的 P-Δ 效应,则分析将会出现墙体局部屈服破坏的情况。这样,理论上导致结构不承受重力荷载,分析将无法收敛。但并非所有情况都如此,例如,若沿每层高度只有一个墙单元,则不会发生局部屈曲。而实际上墙体会发生局部屈曲。

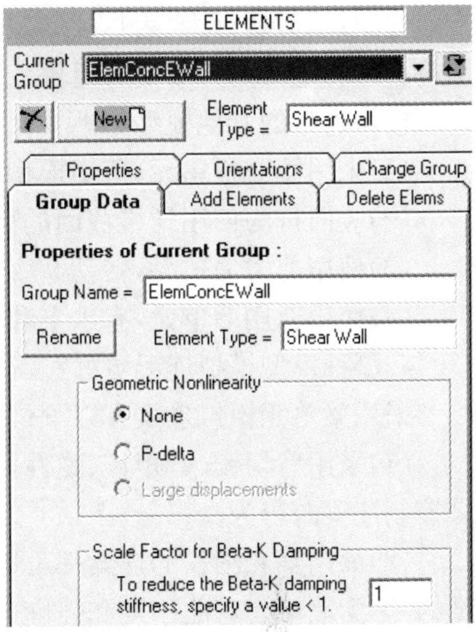

图 13.18　剪力墙单元不考虑 P-Δ 效应

13.2.8　连梁的模拟

1. 墙和梁模型

连梁既可以采用通用墙单元模拟,也可以采用梁单元模拟。但在大多情况下,因为梁单元可以更好地控制模型的行为,所以梁单元更好。

2. 采用梁单元模拟连梁

实例中所采用的梁单元模型的假定如下:

(1)连梁框架复合组件由一个弹性段和两个弯矩铰构成。

(2)连梁的跨高比为 2.4,刚度由弯矩控制。

(3)连梁的弹性模量为混凝土弹性模量。

(4)剪切模量假定为 14 375 N/mm^2,但弹性剪切刚度可能不重要。

(5)连梁位于楼板平面,而连梁轴线是否在该平面以下存在争议,但这对计算结果无太大影响;由于连梁与墙相连,因此可以采用竖向内嵌梁解决连梁与墙连接的问题。在连梁平面内,连梁的剪力传递到墙上。轴力无法计算,因为采用了刚性楼板假定,所以轴力也传递到墙上。连梁端部弯矩也传递给了墙。

(6)内嵌梁的弯曲刚度很大,但轴向刚度很小。当墙弯曲时,由于挤压内嵌梁墙体伸长,若内嵌梁轴向刚度较大,则将会使墙体局部刚度很大。实际结构中连梁可能会使墙体局部刚度变大。当内嵌梁轴向刚度很小时,刚度的影响假定为零,这是保守的。

综上所述,连梁的模拟并不简单,但把握以上几点,保证设计足够精确就行。

3. 采用通用墙单元模拟连梁

对于墙单元模型,有如下几个假定:

(1)对于跨高比很小的连梁,单个墙单元是足够的。

(2)对于竖向和水平轴向弯曲行为,墙单元是弹性的(纤维截面材料和剪力墙采用弹性截面和弹性材料)。

（3）对于竖向和水平轴向弯曲行为，通过定义较小的弹性模量和较小的截面面积可以使单元更有延性，这样连梁单元不会使相邻的墙单元受弯刚度更大。对于水平行为，刚性楼板传递给墙的水平轴力，与梁单元模型的类似。

（4）对于剪切行为，为每片墙定义一种弹性剪切材料，有粗略的剪切模量和强度。然后使用这种材料定义剪力墙复合组件。

模拟连梁的其他模型如下：

（1）采用填充板单元，剪切模型组件和相应的单元，考虑剪切刚度。

（2）竖向行为使用纤维截面的剪力墙单元。这些单元受弯时会使相邻墙体的刚度变大。

（3）使用剪力墙单元，转动 90°用纤维截面来模拟水平行为。

（4）使用通用墙单元，有水平和竖向行为的纤维。

4. 哪种模型模拟连梁更好？

采用梁单元模拟连梁有以下优点：

（1）采用剪切铰、弯矩铰、弹性段和纤维段等来模拟连接。若采用梁单元模拟连梁，则更容易控制连梁的行为。

（2）深连梁和细长的连梁都可以采用梁单元模拟，而采用通用墙单元模拟细长连梁是很困难的，因为墙单元弯曲刚度和强度依赖于纤维的属性和方向。

（3）采用梁单元模拟连梁，若设置水平内嵌梁，则沿每层层高只需一个墙单元；而若采用通用墙单元模拟连梁，则沿层高相邻墙必须至少有两个墙单元。

因此，建议首先选用梁单元模拟连梁。

5. 连梁对角钢筋

对角配筋连梁行为与配有常规剪切钢筋的连梁不同。特别是，若连梁沿对角线受拉后明显伸长（混凝土开裂，对角钢筋屈服），并且对角受压刚度增加（因为混凝土被压缩，变形更小），则连梁整体伸长。若连梁轴向伸长被楼板或相邻墙体约束，则连梁的行为与无轴向约束的情况一样。

一般地，假定轴向约束不明显。对于本例中的结构，连梁假定由弯曲控制，非弹性弯曲变形使用弯曲铰模拟，符合一般实际。当铰屈服，将不会有轴向伸长。这可能不够精确，还有待作进一步的研究。

注意，若采用墙单元或纤维截面的梁单元模拟连梁，则混凝土开裂将会引起中和轴的偏移而导致连梁伸长。若连梁伸长被约束，抑制了混凝土开裂，则梁受弯承载力将会明显提高。

6. 变形能力

连梁由弯曲控制，采用弯矩铰模拟，弯矩铰变形能力根据 ASCE 41 对角配筋连梁确定。选择 **Component Properties** 模块，选择 **Inelastic** 标签，从表单中选择 **Moment Hinge**，**RotationType**类型组件，定义弯矩铰如图 13.19 所示，变形能力如图 13.20 所示。

7. 单元位置

选择 **Elements** 模块，切换到剪力墙框架"sw"，选择 **ElemConcBeam** 单元组，连梁将显示为亮蓝色。

连梁的轴位于楼板平面。模型节点的竖向坐标与楼板顶部一致。可能将节点定义在楼板顶部下 0.6 m 的地方会更精确，但差别可以忽略不计。

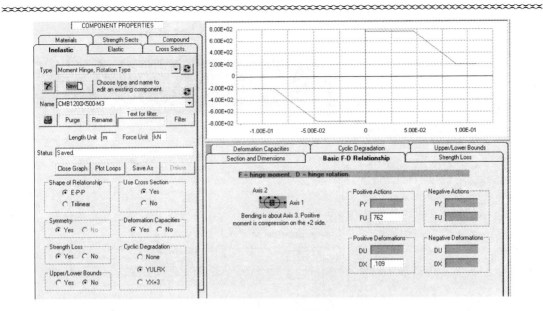

图 13.19　弯矩铰组件属性

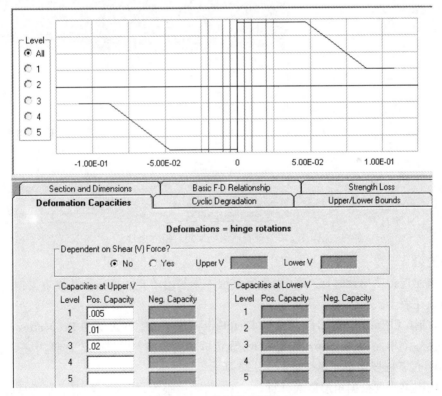

图 13.20　弯矩铰变形能力

8. 单元属性

选择 **Component Properties** 模块,选择 **Inelastic** 标签,选择 **Compound** 标签,修改连梁框架复合组件如图 13.21 所示。

选择 **Elements** 模块,选择 **Properties** 标签。点击视图界面上的单元,或双击选择相同属性的单元,点击 **Show Properties** 来显示单元的框架复合组件属性,如图 13.22 所示。注意弯矩

铰的 *F-D* 关系、强度损失、变形能力和循环退化参数,点击 **Close** 退出。

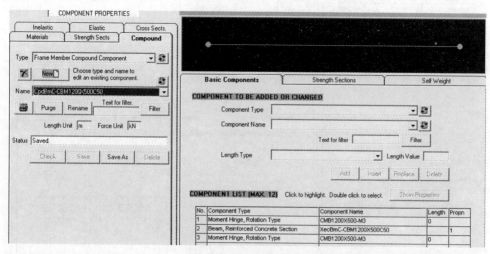

图 13.21　修改后连梁框架复合组件

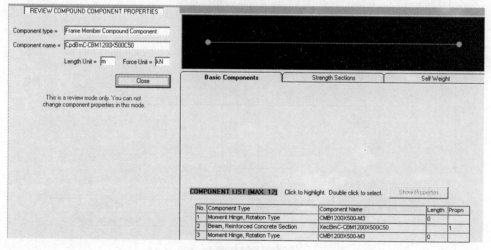

图 13.22　查看连梁框架复合组件属性

9. 内嵌梁

当梁单元连接墙单元时,必须用内嵌梁模拟连梁与墙单元的连接。若没有采用内嵌梁,则将连梁固结在墙上。

例如,选择 **Elements** 模块,然后选择 **ElemEmbedBeamLR** 单元组和 **Properties** 标签,从图形界面选择一个单元,点击 **Show Properties** 显示框架复合组件等属性。选择内嵌梁单元如图 13.23 所示,查看内嵌梁单元属性如图 13.24 所示。

水平内嵌梁刚度根据矩形截面计算,水平弯曲刚度很大;但因为采用了刚性楼板假定,所以影响不大。若没有刚性楼板,则需要定义合适的刚度值。为了避免刚化墙单元,轴向和扭转刚度应设定比较小。

13.2.9　转角监测和转动能力

1. 铰长度和单元高度

美国规范 ASCE41 主要采用塑性铰转动的需求能力比来评估性能。

使用转角监测单元沿着铰长度来计算转角。

基础上部楼层一般不出铰,但监测上部楼层的转角,最好采用转角监测单元计算每层转角。更重要的是,顶部楼层的钢筋不屈服,可以采用应变监测单元。

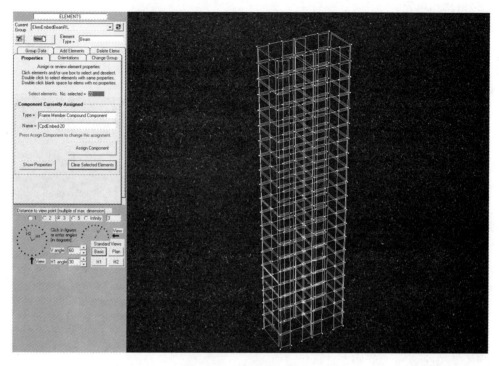

图 13.23 选择内嵌梁单元

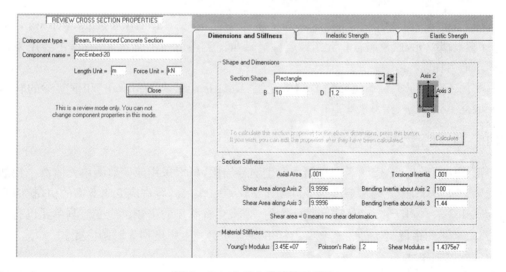

图 13.24 查看内嵌梁单元属性

2. 转角能力

在规范 ASCE 41 中,转角能力(容许的规范)依赖以下几点:

(1)竖向钢筋的分布,若受拉钢筋面积很大,则墙截面的转动延性将会降低;

(2)剪力,若剪力很大,则墙的转动延性将会降低;

（3）无论墙的边界是否被约束，墙的约束边有较大的转动延性。

实例的主要目的是为了展示如何模拟剪力墙，而不是准确地介绍如何定义结构的变形能力。若要选择真实结构的转角能力，则必须详细学习 ASCE 41 规范。

3. 转角监测单元

计算墙的铰转动，可采用转角监测组件和单元。

选择 **Component Properties** 模块，选择 **Elastic** 标签，选择 **Rotation gage，web wall** 类型组件，组件属性如图 13.25 所示。

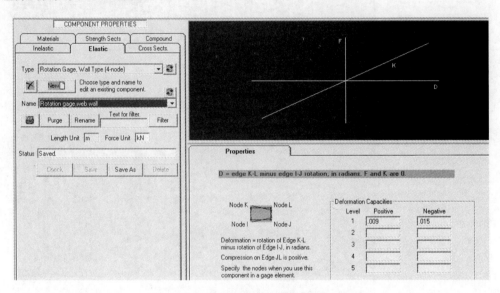

图 13.25　定义墙单元转角监测组件属性

选择 **Elements** 模块，点击 **New** 定义新的监测单元组——"**Rotation gages，web wall**"单元组，选择腹板墙单元，赋予腹板单元组件属性。转角监测单元没有强度和刚度，主要用来计算转角需求能力比。

本实例还定义了翼缘墙的转角监测单元组"**Rotation gages，web wall**"和框架梁的转角监测单元 Rotation gage，BM250×700。

13.2.10　应变监测

上部楼层不应出铰，表明竖向钢筋不发生明显屈服，可以采用应变监测单元监测。钢筋屈服应力为 300 MPa，因此屈服应变为 300/201 000＝0.001 5。容许应变 1.5 倍的值（拉应变能力值为 0.002 3）。对于本例，假定超过能力值，则将会有明显的出铰。应变监测单元也有压应变能力，定义非约束混凝土的为 0.001 3，即混凝土开始发生强度损失时的应变。

1. 应变监测单元

选择 **Component Properties** 模块，选择 **Elastic** 标签，选择 **Rotation gage，web wall** 类型组件，组件属性如图 13.26 所示。

选择 **Elements** 模块，选择"**Strain gages，COL700×700**"单元组，赋予单元属性。

应变监测单元没有强度和刚度，主要用来计算应变的需求能力比。选择 **Properties** 标签，在视图界面选择单元（或双击选择相同属性的单元），点击 **Show Properties** 显示监测单元属性。

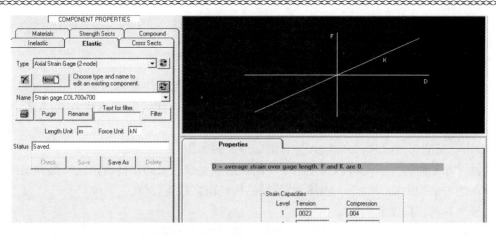

图 13.26　定义柱单元应变监测组件属性

2. 采用监测纤维的应变计算

应变需求能力比可以使用监测纤维来计算。选择 **Component Properties** 模块,选择 **Cross Sects** 标签和"**Shear Wall, Inelastic Section**"类型,选择表单中任意截面,注意监测纤维类型。将有两种方法来计算应变和应变需求能力比。本例未采用该方法。

13.2.11　剖切截面和剪切强度

1. 单元和结构截面平面的强度

墙体剪切仍保持弹性(剪切钢筋不屈服),剪切行为可以采用强度需求能力比来检查,而不是变形需求能力比。监测单元平面或者剖切截面的剪切强度如图 13.27 所示。

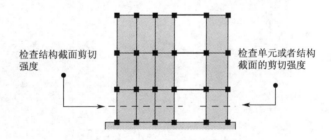

图 13.27　截面和单元平面的剪力

图 13.27 中左边,沿着墙宽有一些单元,这些单元可能存在剪切应力集中,其剪切应力可能比其他单元的大。故一般考虑剖切截面的平均剪切应力。若计算每个单元的剪切需求能力比,则最大的需求能力比可能很保守。

在图 13.27 中右边,沿着墙宽只有一个单元。在这种情况下,采用单元平面或采用结构截面(即只剖切该单元)计算剪切强度。

本实例的结构有三个腹板墙,若结构不发生扭转,则必须采用包括三个单元的剖切截面来监测整体墙 H2 方向的剪切强度,因为偶然扭转使得在外腹板墙的剪力会更大。因此,需要分别检查每个腹板墙。因为沿着每个墙宽度只有一个单元,所以既可以使用单元也可以使用结构截面来检查强度。

在 H1 方向的剪切更加复杂一些,需要剖切三个墙肢(三个翼缘)截面,且最好分别监测墙肢。外墙的每个翼缘在其宽度方向有一个单元,因此可以采用单元平面或者剖切截面监测强度;中部墙在翼缘宽度内有两个单元,所以最好使用结构截面。

2.优点和缺陷

剖切截面有如下优缺点:

(1)必须定义适当剖切截面,大型结构可能需要定义大量剖切截面。

(2)若采用剖切截面组来管理剖切截面,则可以得出沿着建筑层高的剪力图,或者真实的剪力或者剪切强度需求能力比。

(3)当定义剖切截面时,必须输入计算剪切应力的面积。

监测单元平面的优点是可以通过基于使用比的单元颜色来画出挠度形状。每种颜色对应一定范围的需求能力比。对于实例结构,使用结构截面来检查强度。

3.轴力对剪切强度的影响

剪切强度依赖于轴向应力,是通过监测单元和剖切截面得出的强度。

4.剖切截面

选择 **Structure Sections** 模块和 **Define Sections** 标签。对于每个截面和单元组,剖切单元显示为红色,单元节点显示为绿色。转换模型默认有两种剖切截面,即 **Frame Base Cut**(框架底部剖切截面)和 **Area Base Cut**(核心筒底部剖切截面),如图 13.28 所示。

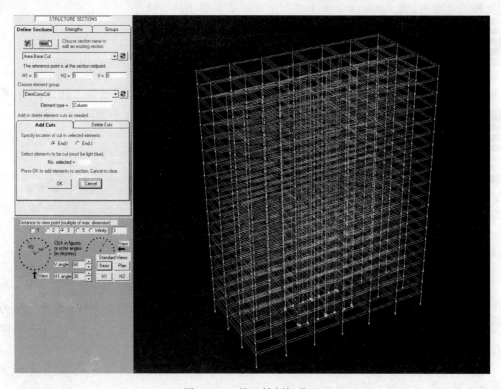

图 13.28　核心筒剖切截面

5.剖切截面的剪切强度

选择 **Structure Sections** 模块和 **Strengths** 标签,可以显示定义好的剖切截面,通过相应的剪切材料来定义截面强度,定义截面面积。本例未定义剖切截面的剪切强度。

6.剖切截面组

选择 **Structure Sections** 模块和 **Groups** 标签,显示剖切截面组,画出剪力图或者需求能力比图。转换模型默认有一种剖切截面组，即 **Support Sect Group**（支座剖切截面组）。

13.2.12　极限状态

1. 变形

选择 **Limit States** 模块，选择"**Deformation**"极限状态类型。例如，定义连梁的转角变形极限状态，如图 13.29 所示。定义以下 2 种变形监测单元：

（1）转角监测单元，本例定义了框架梁和墙体转角监测单元；

（2）应变监测单元，本例定义了柱拉压应变监测单元。

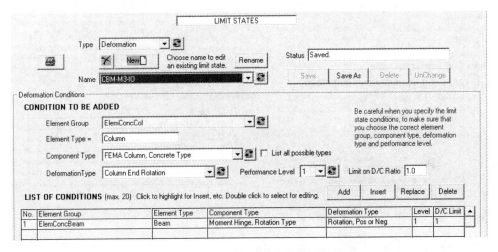

图 13.29　定义连梁的转角变形极限状态

2. 侧移

选择 **Limit States** 模块，选择"**Drift**"极限状态。本例未定义侧移的极限状态。

3. 剖切截面的剪切强度

选择 **Struct Sectn** 极限状态类型，本例也未定义剖切截面剪切强度的极限状态。

13.2.13　重力荷载工况

1. 荷载模式

点击 **Load Patterns** 模块，选择 **Nodal Loads** 标签，有节点荷载模式和单元自重荷载模式。

2. 荷载工况

选择 **Analysis phase** 分析阶段和 **Set up load cases** 模块，选择"**Gravity**"荷载工况。本例只定义了一个荷载工况类型为"DL+0.5LL."，采用 2 个荷载模式，如图 13.30 所示。

在纤维截面的结构上作用重力荷载时，混凝土可能会开裂（钢筋屈服或者混凝土开裂不应该发生）。混凝土开裂是非线性事件，所以需要定义重力荷载工况为非线性。若需要定义非线性分析，则不必定义大量的分析步，定义一个荷载步就足够了。每个荷载步合理的事件数为 50。

13.2.14　时程荷载工况

保存模型，然后选择 **Analysis phase** 分析阶段下的 **Set up load cases** 模块，选择 **Dynamic Earthquake** 分析工况，定义非线性时程工况，输入参数如图 13.31 所示，点击 **Save** 保存定义分析工况。选择程序自带的地震波"Artificial for Example A，Record1"，峰值加速度和时间的缩放系数都为 1.0。

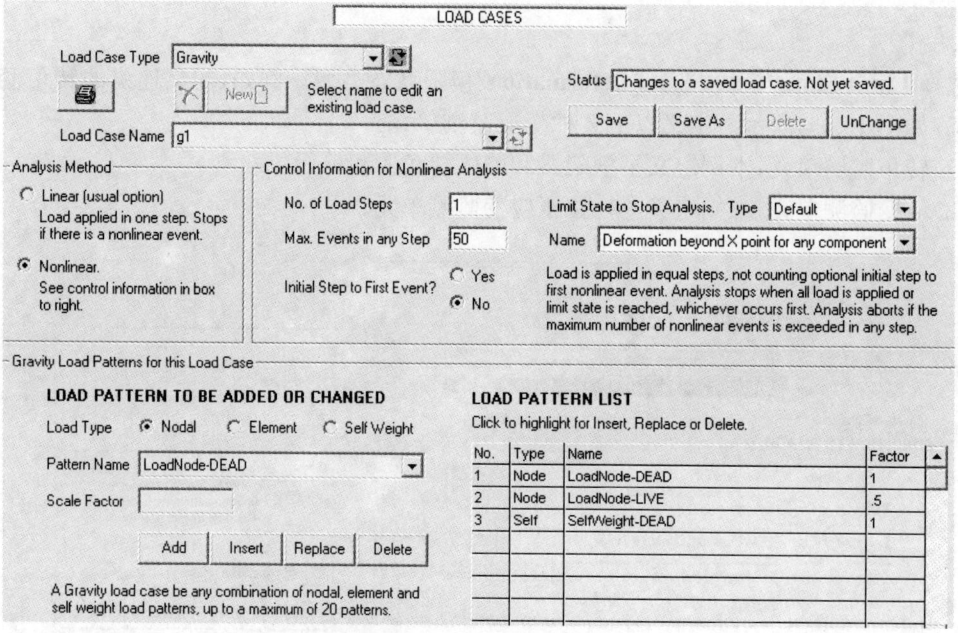

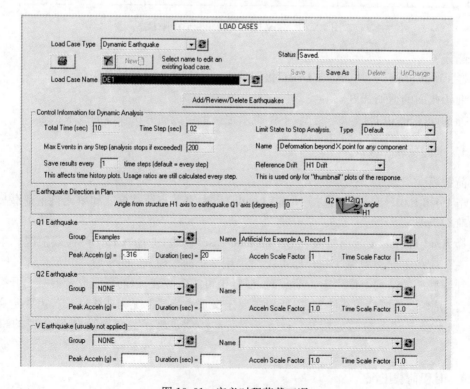

图 13.30　定义重力荷载工况

图 13.31　定义时程荷载工况

地震波默认持时为 20 s，本分析仅考虑前 10 s，时间步间隔为 0.02 s，每步最大事件数为

200,输入地震波方向为 H1 方向。

13.2.15 运行分析

选择 **Run analyses** 模块,点击 **Check Structure** 检查分析模型。保持其他参数不变,点击 **Modal Damping** 定义模态阻尼,如图 13.32 所示。建议定义少量 **Rayleigh Damping**,如图 13.33所示。然后点击 **OK**,定义加载顺序如图 13.34 所示。点击 **GO** 运行分析。

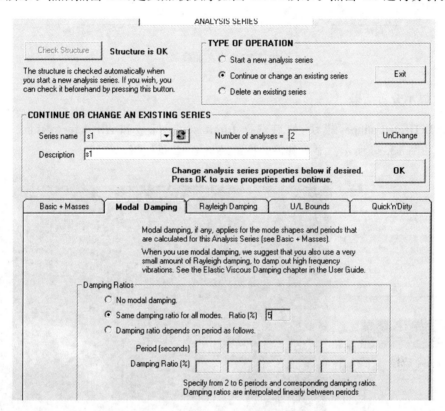

图 13.32 定义模态阻尼

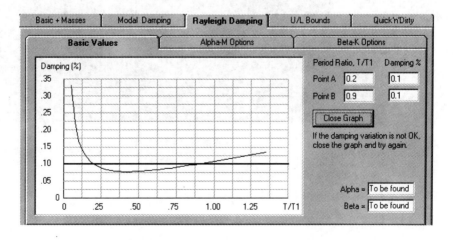

图 13.33 定义少量 Rayleigh Damping

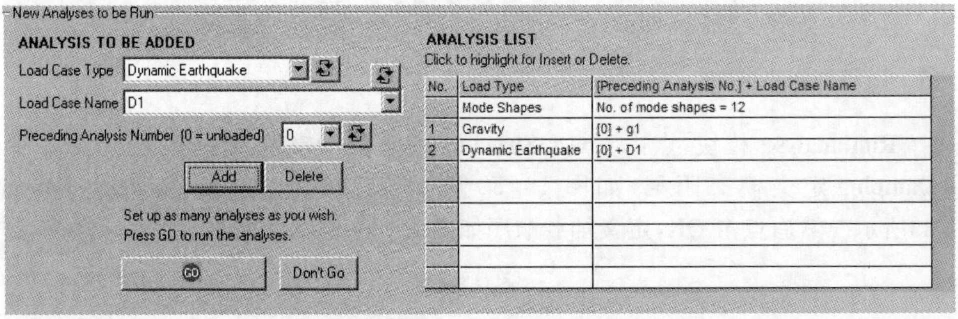

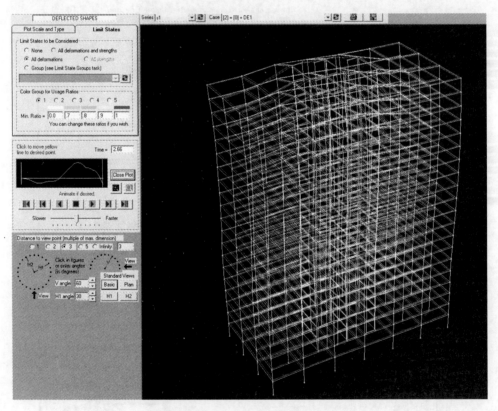

图 13.34　定义加载顺序

13.2.16　显示分析结果

选择 **Deflected shapes** 模块,然后选择 **Limit states** 标签和 **All deformations** 选项,点击 **Plot**,显示如图 13.35 所示。显示其他分析结果与第 12 章相似。

图 13.35　显示侧移形状使用比图形

参 考 文 献

［1］ PERFORM-3D Nonlinear Analysis and Performance Assessment for 3D Structures User Guide(Version 5)［M］. University Avenue, Berkeley, California, USA, Computers and Structures, Inc. , 2011.

［2］ Perform-3D Nonliear Analysis and Performance for 3D Structures Components and Elements(Version 5)［M］. University Avenue, Berkeley, California, USA, Computers and Structures, Inc. , 2011.

［3］ 中华人民共和国住房和城乡建设部. GB 50011—2010 建筑抗震设计规范［S］. 北京:中国建筑工业出版社，2010.

［4］ Powell, Graham H. Detailed Example of a Tall Shear Wall Building Using CSI's Perform 3D Nonliear Dynamic Analysis［M］. Berkely, CA, Computers and Structures Inc. , 2007.

［5］ J. B. Mander, M. J. N. Priestley and R. Park. Theoretical Stress-strain Model for Confined Concrete ［J］. ASCE Journal of Structural Engineering, 114(8)，1804-1826.

［6］ FEMA 356 NEEHRP Guidelines for the Seismic Rehabilitation of Buildings［S］. Federal Emergency Management Agency，2000.

［7］ T. Paulat, M. J. N. Priestley. Seismic Design of Reinforced Concrete and Masonary Buildings［M］. John Wiley & Sons, New York, NY,1992.